OSTSEEFÄHREN

Lars-Kristian Brandt

Koehler

TT-Line

Nils Dacke

Fährverbindungen heute

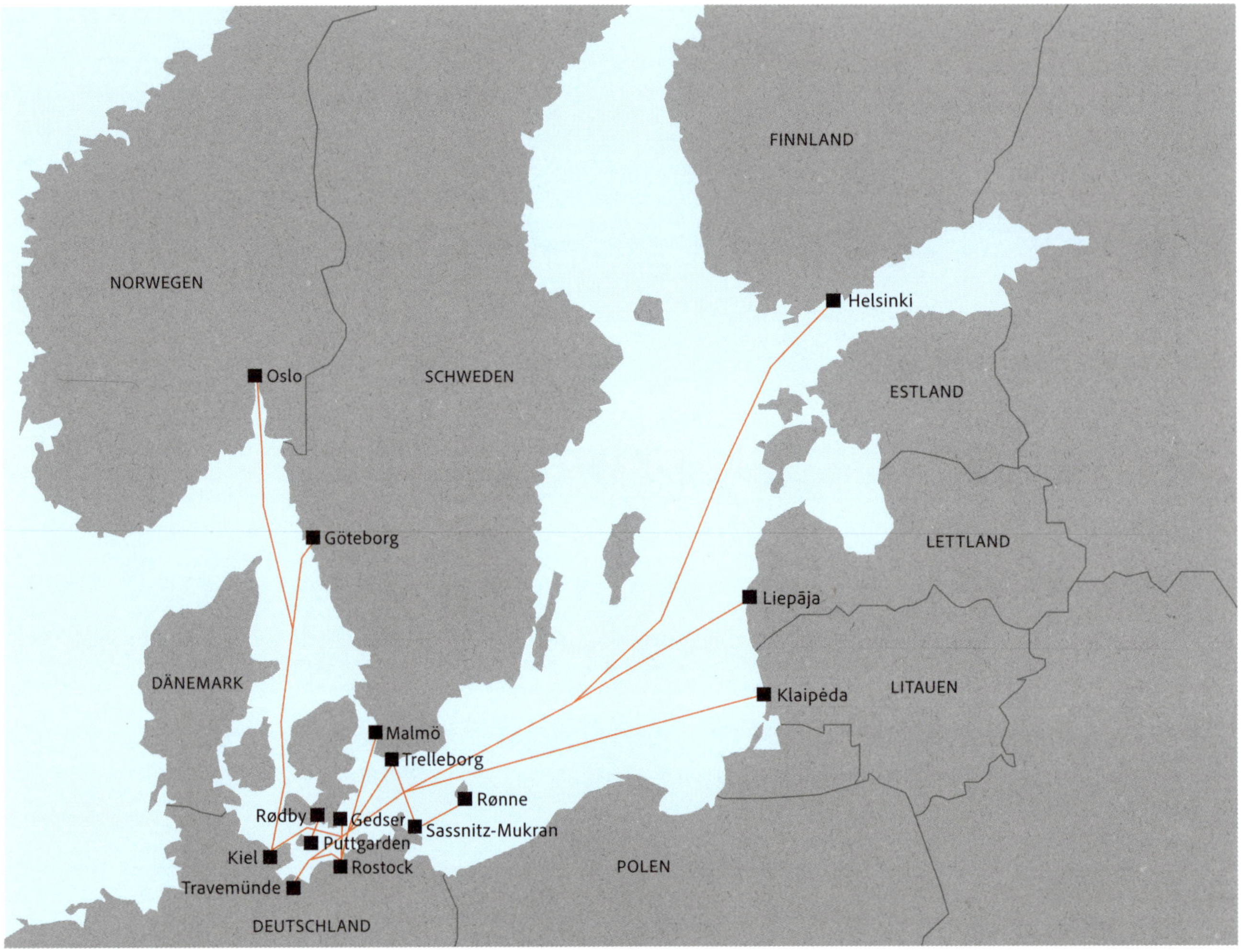

Übersicht aller aktuell betriebenen Fährlinien ab deutschen Ostseehäfen. Da es derzeit Überlegungen gibt, die Verbindung Sassnitz* – Trelleborg (Königslinie) wiederzueröffnen, ist diese ebenfalls eingezeichnet. Karte: Koehler im Maximilian Verlag

*Bis zum 2. Februar 1993 war die offizielle Schreibweise Saßnitz. Zwecks Einheitlichkeit wird in diesem Buch ausschließlich die heute gültige Schreibweise Sassnitz verwendet.

Foto vorherige Seiten: Fährschiff Nils Dacke (IV) einlaufend Rostock (Mai 2018) Foto: Lars-Kristian Brandt

Inhalt

Einleitung

Die Kombifähre Stena Scandinavica (IV) am Kieler Schwedenkai (November 2014). Sie kann sowohl rollende Ladung als auch Passagiere befördern. Foto: Lars-Kristian Brandt

Dieses Buch zeigt die bedeutendsten Meilensteine der Geschichte der Auto- und Eisenbahn-Hochseefährschifffahrt auf der Ostsee ab deutschen Häfen von den Anfängen im Jahr 1903 bis zum heutigen Tag. Dabei werden sowohl die großen Fährhäfen als auch bemerkenswerte Fährschiffe und Ereignisse sowie die wichtigsten Routen, die größtenteils bis heute bestehen, im Detail vorgestellt. Bei den Kapiteln über die Fährlinien finden ausschließlich die Stammfähren Erwähnung. Kurzzeitige Einsätze, Werftvertretun-

gen oder Verstärkerfähren werden zwecks besserer Übersichtlichkeit in der Regel nicht beschrieben. Die technischen Daten der in Tabellenform aufgelisteten Fährschiffe beziehen sich auf den Zeitpunkt, an dem die Fähre erstmalig auf der Linie eingesetzt wurde.

Im vorliegenden Buch werden nur jene Schiffe als Fährschiffe bezeichnet, die Straßen- bzw. Eisenbahnfahrzeuge und mehr als zwölf Passagiere befördern können. Ansonsten unterscheidet man grundsätzlich drei Arten von Fähren: Passagierfähren, Frachtfähren und Kombifähren.

- Passagierfähren sind Passagierschiffe, die ausschließlich für die Beförderung von Passagieren vorgesehen sind. Auf einigen dieser Schiffe ist zudem die Mitnahme kleinerer Mengen Ladung möglich.

- Frachtfähren sind RoRo-Frachtschiffe, die Güter vorwiegend in Form von rollender Ladung transportieren. Auf den meisten dieser Schiffe können zudem bis zu zwölf Passagiere, überwiegend Lkw-Fahrer, mitfahren. RoRo steht für Roll-on/Roll-off.

- Kombifähren, auch Autofähren oder RoPax-Fähren genannt, sind Fährschiffe, die neben Fahrzeugen zudem mehr als zwölf Personen befördern können. Sie sind somit eine Kombination aus Passagierschiff und RoRo-Frachtschiff. Bei dem Begriff „RoPax" steht „Ro" für die Beförderung von Ladung im Roll-on/Roll-off-Verfahren, „Pax" für die Mitnahme von Passagieren.

Die Vorgänger der kombinierten Fahrzeug- und Passagierfährschiffe waren die Postdampfer. Sie verkehrten bereits auf vielen Linien, auf denen man später Eisenbahn- oder Autofähren einsetzte. Der große Vorteil der neuen kombinierten Fährschiffe war es, dass die Ladung direkt rollend auf das Schiff gebracht werden konnte. Damit entfiel in den Häfen ein umständliches Be- und Entladen. Gab es anfangs vor allem Eisenbahnfähren, so kamen ab den 1960er-Jahren infolge des zunehmenden Autoverkehrs vermehrt Autofähren zum Einsatz. ■

1903 bis 1995: Eisenbahn- und Autofährlinie Warnemünde – Gedser

Ankunft der Fähre MECKLENBURG in den 1930er-Jahren in Warnemünde. Im westlichen Fährbett liegt die SCHWERIN.
Foto: Erhard Schäfer, Warnemünde

Schon ab dem Jahr 1873 gab es einen regelmäßigen Postdampferdienst zwischen Rostock und Nykøbing auf der dänischen Insel Falster. Um künftig den Warenaustausch zwischen dem Königreich Dänemark und dem Deutschen Reich weiter zu beschleunigen, war bereits die Einrichtung eines Eisenbahnfährverkehrs nach dem Vorbild der ab 1872 bestehenden und erfolgreich betriebenen innerdänischen Eisenbahnfährlinie zwischen Fredericia und Strib über den Kleinen Belt im Gespräch.

Im Jahr 1886 erhielten Warnemünde, das seit 1323 zu Rostock gehört, und Gedser am südlichsten Punkt Falsters Bahnanschluss. Damit war nun die Aufnahme eines Trajektverkehrs zwischen diesen Häfen möglich. Doch Dänemark hatte sich noch nicht entschieden, ob sie ihre Hauptstadt Kopenhagen mit Berlin über Gedser – Warnemünde oder mit Hamburg über Rødby und die Insel Fehmarn verbinden sollte.

Zunächst wurde im Jahr 1886 die Postdampferlinie Rostock – Nykøbing verkürzt und zwischen die Häfen von Warnemünde und Gedser verlegt. Erst im Jahr 1900 stand die endgültige Entscheidung des dänischen Parlaments (Folketing), den Eisenbahnverkehr von Kopenhagen in Richtung der Hauptstadt des Deutschen Reiches nach Berlin auszurichten.

So wurde schließlich am 30. September 1903 – nach Fertigstellung aller Anlagen und Einrichtungen zum Betrieb von Eisenbahnfähren, wie beispielsweise Fährbetten, Gleisanlagen und Molen – die neue Eisenbahnfährlinie zwischen Warnemünde und Gedser durch König Christian IX. und Großherzog Friedrich Franz IV. feierlich eröffnet. Sie war damit die erste deutsche RoRo-Fährverbindung nach Nordeuropa und markiert den Beginn des internationalen Hochseefährverkehrs in Deutschland.

Das Schaufelrad-Eisenbahndampffährschiff Friedrich Franz IV in den ersten Betriebsjahren zwischen Warnemünde und Gedser
Foto: Sammlung Brandt

Die Doppelschrauben-Eisenbahndampffähre Mecklenburg beladen mit Personenwaggons (um 1910) Foto: Sammlung Brandt

Die PRINSESSE ALEXANDRINE nach dem 1905 durchgeführten Umbau zur Zweigleisfähre Foto: Archiv Schifffahrtsmuseum Rostock

Betrieben wurde die neue, rund 45 Kilometer lange Eisenbahnfährverbindung Warnemünde – Gedser, auf der eine Überfahrt etwa zwei Stunden dauerte, anfangs gemeinsam von der Großherzoglich Mecklenburgischen Friedrich-Franz-Eisenbahn (MFFE) und der Danske Statsbaner (DSB). Zum Einsatz kamen ab 1903 die Schaufelrad-Eisenbahndampffähren FRIEDRICH FRANZ IV (MFFE) und PRINSESSE ALEXANDRINE (DSB) sowie die Doppelschrauben-Eisenbahndampffährschiffe MECKLENBURG (MFFE) und PRINS CHRISTIAN (DSB). Die beiden Schaufelradfähren verfügten anfangs jeweils nur über ein Gleis auf dem Eisenbahndeck, die Doppelschraubenschiffe hatten bereits zwei solcher Gleise. In den Jahren 1905 bis 1907 erhielten dann auch die Schaufelradfähren PRINSESSE ALEXANDRINE und FRIEDRICH FRANZ IV ein zweites Gleis an Bord.

Der Erste Weltkrieg von 1914 bis 1918 führte zu einem Rückgang des Warenstroms, und auch das gelegentliche Auftreten britischer U-Boote beeinflusste den Fährbetrieb. Nachdem die Auslieferung der beiden deutschen Fährschiffe an die britische Siegermacht nach Kriegsende verhindert werden konnte, fand der Fährverkehr zwischen Warnemünde und Gedser ab 1920 wieder in vollem Umfang statt. Zeitgleich wurde die Deutsche Reichsbahn (DR) neuer Betreiber auf deutscher Seite.

Bereits kurz darauf kam die zweite Fährschiffgeneration zwischen Warnemünde und Gedser in Fahrt. Im Dezember 1922 stellte die DSB die neue Zweigleis-Schraubendampffähre DANMARK (I) in Dienst. Sie ersetzte die PRINSESSE ALEXANDRINE und die PRINS CHRISTIAN, die jedoch im Bedarfsfall bis in die 1930er- bzw. 1950er-Jahre noch gelegentlich auf der Verbindung zum Einsatz kamen. Mit der neuen DANMARK (I) war erstmals auch die Beförderung von Kraftfahrzeugen möglich.

Auf deutscher Seite kam für die Deutsche Reichsbahn im Dezember 1926 der Eisenbahnfährschiff-Neubau SCHWERIN in Fahrt. Die FRIEDRICH FRANZ IV wurde daraufhin außer Dienst gestellt und 1927 in Harburg verschrottet. In den folgenden Jahren bewältigten nun die beiden Neubauten Danmark (I) und Schwerin sowie die von 1924 bis 1926 umgebaute Mecklenburg als Stammfähren den Eisenbahn- und Autofährverkehr zwischen Warnemünde und Gedser.

Während des Zweiten Weltkriegs (1939 – 1945) wurde im Februar 1944 die Schwerin bei einem Luftangriff auf Rostock versenkt. Sie war dabei so stark beschädigt worden, dass sie später verschrottet werden musste. Ab März 1945 fiel zudem die Danmark (I) aus, weil dänische Widerstandskämpfer sie versenkt hatten. Mit der Besetzung Warnemündes durch sowjetische Truppen im Mai 1945 wurde der Fährverkehr nach Gedser vorerst eingestellt.

Erschwerend hinzu kam, dass die Alliierten das letzte unversehrt gebliebene Fährschiff, die Mecklenburg, beschlagnahmten. Sie ging als Reparationsleistung zunächst an die Sowjetunion, die das Schiff jedoch kurz danach an Polen abtrat. Da das Reserveschiff Prins Christian auf dem Großen Belt benötigt wurde, konnte der Fährbetrieb nach dem Krieg zunächst nicht wieder aufgenommen werden.

Nachdem die Danmark (I) gehoben und anschließend repariert worden war, nahm die DSB mit dem Schiff am 10. Mai 1947 schließlich den Eisenbahn- und Autofährverkehr zwischen Warnemünde und Gedser wieder auf. Weil die deutsche Seite nun nicht mehr über ein Fährschiff für die Verbindung verfügte, bediente die DSB die Linie für die nächsten Jahre allein. Eine weitere Stammfähre war auch deshalb nicht erforderlich, weil es nach dem Krieg zwischen der sowjetischen Besatzungszone – die 1949 in die Deutsche Demokratische Republik (DDR) überging –

Das Fährschiff Schwerin beim Einlaufen in Warnemünde (um 1940) Foto: Erhard Schäfer, Warnemünde

Die DANMARK (I) läuft rückwärts in Warnemünde ein. Ab 1951 kam sie auch zwischen Gedser und Großenbrode zum Einsatz.
Foto: Erhard Schäfer, Warnemünde

Die 1903 gebaute PRINS CHRISTIAN verkehrte noch bis in die 1950er-Jahre gelegentlich für den Güterverkehr zwischen Warnemünde und Gedser. Im regulären Fährverkehr wurde sie bis 1922 eingesetzt.
Foto: Sammlung Järnvägsmuseet/Eric Lundquist

Die WARNEMÜNDE, der erste Neubau der DDR auf der Verbindung Warnemünde – Gedser, passiert in den 1960er-Jahren die Warnemünder Westmole. Foto: Erhard Schäfer, Warnemünde

Die KONG FREDERIK IX wird um 1956 in Gedser mit Eisenbahnwaggons beladen. Links im Bild sind die Schornsteine der DANMARK (I) zu erkennen. Foto: Sammlung Järnvägsmuseet/Lennart Welander

und Dänemark abgesehen von Transitverkehren kein nennenswertes Verkehrsaufkommen mehr gab.

Im Jahr 1951 wurde eine neue Eisenbahnfährlinie vom westdeutschen Hafen Großenbrode nach Gedser eröffnet. Damit verlor die Verbindung Warnemünde – Gedser einen Großteil der Transitverkehre zwischen den skandinavischen Ländern und Mittel- sowie Westeuropa. Zudem entstanden in den 1960er-Jahren Fährverbindungen von den westdeutschen Häfen Kiel, Travemünde und Puttgarden nach Nordeuropa, auf die sich künftig die Hauptwarenströme von und nach Skandinavien verlagerten.

Doch zu Beginn der 1960er-Jahre war die DDR verstärkt am Handel mit den skandinavischen Ländern interessiert, und auch der Transitverkehr nahm zu. Daher modernisierte die Deutsche Reichsbahn ihre Fähranlagen und stellte am 26. Mai 1963 mit dem Neubau Warnemünde wieder ein deutsches Eisenbahn- und Autofährschiff zwischen Warnemünde und Gedser in Dienst. Die neue Dreigleismotorfähre verkehrte künftig gemeinsam mit der Zweigleis-Dampffähre Danmark (I) der DSB, die bereits ab 1951 auch auf der Fährlinie Großenbrode – Gedser eingesetzt wurde.

Die Fähranleger in Warnemünde und Gedser waren jeweils gleich gebaut, da man die Formen von Bug und Heck der Fährschiffe der ersten und zweiten Generation identisch entworfen hatte. Bei der neuen Warnemünde und den künftig eingesetzten Fähren war dies jedoch nicht mehr der Fall, sodass diese nur vorwärts in beiden Häfen anlegen konnten. Die vorhandene breitere Heckklappe der Warnemünde wurde ausschließlich bei ihren winterlichen Vertretungseinsätzen auf der Königslinie zwischen Sassnitz und Trelleborg genutzt. Erst 1992 baute man das verbliebene Fährbett in Gedser um. Künftig konnte dort mit dem Heck angelegt werden. Damit wollte man den Lkw das umständliche Rückwärtsbefahren der Fähren ersparen.

Die alte Danmark (I) von 1922 wurde schließlich im Jahr 1968 durch das bereits ab 1956 gelegentlich eingesetzte jüngere Dreigleis-Motorfährschiff Kong Frederik IX als Stammfähre ersetzt und kurz darauf verschrottet. Darüber hinaus kamen neben der zweiten Stammfähre Warnemünde gelegentlich die Dreigleisfähren Dronning Ingrid und Knudshoved sowie die Viergleis-Eisenbahngüterfähre Asa Thor ab Warnemünde zum Einsatz. Von 1976 bis 1980 gab es zudem unregelmäßig Überfahrten ausschließlich für Güterwaggons zwischen Warnemünde und Rødby auf der dänischen Insel Lolland. Auf dieser Verbindung fanden im Herbst 1985 und im Frühjahr 1992 für einige Zeit sogar die regulären Fahrten statt, weil man Arbeiten am Fährbett in Gedser durchführte.

Mit dem Fall der Berliner Mauer im Jahr 1989 gab es plötzlich einen großen Ansturm auf die Fährlinie Warnemünde – Gedser. Die DDR-Bürger wollten ihre neu gewonnene Reisefreiheit nutzen und Ausflüge nach Dänemark unternehmen. Als Deutschland schließlich im Oktober 1990 wiedervereinigt wurde, gab es für die staatlichen Fährbetreiber DSB und DR bereits die erste direkte Konkurrenz auf der Verbindung. Vom Rostocker Überseehafen startete die zuvor zwischen Travemünde und Gedser aktive Reederei GT-Link einen neuen Autofährdienst nach Gedser.

Im Frühjahr 1993 wurde die Kong Frederik IX auf der Fährlinie Warnemünde – Gedser von der Knudshoved als Stammfähre abgelöst. Diese verkehrte bis Herbst 1994 mehrmals täglich auf der Route, wechselte dann aber zum neu errichteten Fährterminal im Rostocker Überseehafen, wo deutlich mehr Platz als in Warnemünde vorhanden war. Anschließend bot die Knudshoved nur noch eine nächtliche Doppeltour ab Warnemünde an.

Bereits zum Ende des Jahres 1993 endete zwischen Warnemünde und Gedser die Beförderung von Güterwaggons, die nun über die Vogelfluglinie (Puttgarden – Rødby) erfolgte. Rund zwei Jahre später, am 24. September 1995, wurde die Fährverbindung Warnemünde – Gedser schließlich endgültig eingestellt. Die letzte Überfahrt auf der Linie übernahm an jenem Tag das Fährschiff Warnemünde, das nach der Zusammenlegung der Fähraktivitäten von Deutscher Reichsbahn und Deutscher Bundesbahn ab dem 1. April 1993 von der Deutschen Fährgesellschaft Ostsee (DFO) betrieben wurde. Die Warnemünde wurde anschließend aufgelegt und 1996 nach Italien veräußert. Damit endete diese älteste internationale Hochseefährverbindung ab Deutschland rund acht Jahre vor ihrem 100. Jubiläum. Ihre Fortsetzung erlebt sie bis heute in der Autofährlinie Rostock – Gedser (S. 102). ■

Die Kong Frederik IX in Warnemünde (Mai 1992) Foto: Martin Schubotz

Die WARNEMÜNDE beim Einlaufen in den gleichnamigen Fährhafen (April 1995) Foto: Marko Stampehl

Stammfähren zwischen Warnemünde und Gedser

Name	Baujahr	Länge	Breite	Tiefgang	Tonnage	Ladekapazität	Passagiere	Einsatzzeit auf der Linie
FRIEDRICH FRANZ IV	1903	85,3 m	18,8 m	3,7 m	1.402 BRT	79,5 m nutzbare Gleislänge	800	1903 – 1926
PRINSESSE ALEXANDRINE	1903	86,9 m	18,8 m	3,7 m	1.449 BRT	79,5 m nutzbare Gleislänge	800	1903 – 1922
MECKLENBURG	1903	86,4 m	17,7 m	4,1 m	1.810 BRT	125,0 m nutzbare Gleislänge	725	1903 – 1945
PRINS CHRISTIAN	1903	86,9 m	17,7 m	4,4 m	1.824 BRT	124,0 m nutzbare Gleislänge	900	1903 – 1922
DANMARK (I)	1922	101,6 m	18,8 m	4,5 m	2.727 BRT	157,0 m nutzbare Gleislänge / 70 Pkw	1.098	1922 – 1968
SCHWERIN	1926	106,8 m	18,5 m	4,4 m	3.133 BRT	161,4 m nutzbare Gleislänge	800	1926 – 1944
WARNEMÜNDE	1963	136,4 m	17,7 m	4,8 m	6.149 BRT	326,0 m nutzbare Gleislänge / 140 Pkw	800	1963 – 1995
KONG FREDERIK IX	1954	114,3 m	17,7 m	4,5 m	4.084 BRT	258,0 m nutzbare Gleislänge / 115 Pkw	1.200	1968 – 1993
KNUDSHOVED	1961	109,2 m	17,7 m	4,6 m	3.882 BRT	245,0 m nutzbare Gleislänge / 200 Pkw	1.200	1993 – 1995

1909 bis 2020: Eisenbahn- und Autofährlinie Sassnitz – Trelleborg (Königslinie)

Dampffähre Konung Gustaf V, benannt nach dem gleichnamigen schwedischen König (Amtszeit: 1907 – 1950)
Foto: Sammlung Järnvägsmuseet

Der Postdampfer Rex verkehrte von 1897 bis 1900 zwischen Sassnitz und Trelleborg.
Foto: Sammlung Sjöhistoriska museet

An der Nordspitze der Insel Rügen ist die Entfernung zwischen Deutschland und Schweden am geringsten. Näher kommen sich die beiden Länder an keiner anderen Stelle. Allerdings trennt sie, in früheren Zeiten schwer überwindbar, die Arkonasee als Teil der Ostsee. Regelmäßige Schiffsverbindungen zwischen dem deutschen Festland und der südschwedischen Provinz Schonen (schwedisch: Skåne) gab es bereits ab dem 17. Jahrhundert. Die eingesetzten Segelschiffe zum Transport von Post, Waren und Passagieren waren dabei stark vom Wind und der Witterung abhängig, sodass die Reisen oftmals mehrere Tage dauerten.

In der ersten Hälfte des 19. Jahrhunderts verbesserten sich die Bedingungen beim Übersetzen zwischen dem damaligen Preußen und Schweden durch den Einsatz von Dampfschiffen. Sie waren nicht mehr so stark vom Wind abhängig, was zu deutlich kürzeren Fahrzeiten beitrug. Da die Postdampfer auf deutscher Seite noch bis zum Hafen von Stralsund fahren mussten, suchten Politiker und Experten in der zweiten Hälfte des 19. Jahrhunderts nach einer Möglichkeit, die Schiffsroute von Schweden zur Insel Rügen zu verkürzen. Im Jahr 1875 erhielt das südschwedische Trelleborg und 16 Jahre später, im Jahr 1891, auch Sassnitz auf Rügen einen Bahnanschluss. Dies veranlasste den schwedischen König dazu, eine Testfahrt zwischen beiden Häfen in Auftrag zu geben, die am 3. Juni 1891 erfolgreich durchgeführt wurde. Daraufhin einigte man sich auf Sassnitz und Trelleborg als Ausgangshäfen für die neue Dampfschiffsverbindung. Zum 1. Mai 1897 schlossen die beiden staatlichen Bahnverwaltungen, die Reederei J. F. Braeunlich und die Rederi AB Sverige-Kontinenten einen Vertrag zur Beförderung von Personen, Gepäck und Gütern. Am selben Tag fuhr der erste planmäßige Postdampfer zwischen Sassnitz und Trelleborg.

Schweden stieg um die Jahrhundertwende zur Industrienation auf – mit der Folge, dass effektivere Transportmöglichkeiten nach Kontinentaleuropa geschaffen werden mussten. Das Umladen der Güter von der Bahn auf die Postdampfer und wieder zurück auf die Bahn erwies sich als sehr zeitaufwendig. Daher orientierte man sich an der bereits 1903 eröffneten Eisenbahnfähr-Verbindung Warnemünde – Gedser. Dort wurden die Eisenbahnwaggons direkt auf die Fährschiffe verladen.

Im November 1907 unterzeichneten die beiden Staaten einen Vertrag für die Errichtung einer Eisenbahnfährverbindung zwischen dem Deutschen Reich und Schweden. Dabei sollte jede Seite zwei Eisenbahnfährschiffe in den Dienst einbringen und die nötigen Fähranlagen auf der jeweils eigenen Landseite bauen lassen. Den Betrieb für das Deutsche Reich übernahmen die Preußischen Staatseisenbahnen (PSB), für Schweden waren die Statens Järnvägar (SJ) zuständig. Auf schwedischer Seite wurde sofort Trelleborg als Ausgangshafen gewählt, auf deutscher Seite einigte man sich nach vielen Diskussionen auf Sassnitz, da dort schon ein ausbaufähiger Hafen vorhanden war. Nach kurzer Bauzeit wurden die Hafenanlagen beiderseits der Ostsee Mitte des Jahres 1909 weitestgehend fertiggestellt.

Am 6. Juli 1909 eröffneten der Deutsche Kaiser bzw. König von Preußen Wilhelm II. und der schwedische König Gustav V. offiziell die neue Eisenbahnfährlinie Sassnitz – Trelleborg. Durch die Anwesenheit beider Staatsoberhäupter kam die Fährverbindung zu ihrem berühmten Namen: Königslinie.

Die Fährschiffe PREUSSEN und KONUNG GUSTAF V um 1930 in Sassnitz. Die Dampflok 78 006 schiebt Waggons an Bord der schwedischen Fähre. Foto: Bildarchiv der Eisenbahnstiftung/ DLA Darmstadt

Am nächsten Tag wurde der planmäßige Betrieb aufgenommen. Zum Einsatz kamen zu Beginn das schwedische Eisenbahnfährschiff DROTTNING VICTORIA sowie die beiden deutschen Einheiten DEUTSCHLAND (I) und PREUSSEN. Alle drei Fähren verfügten über ähnliche Abmessungen und Ausstattungen. Auf dem Fahrzeugdeck waren jeweils zwei Bahngleise verlegt.

Etwa acht Monate später wurde am 14. März 1910 auch die zweite schwedische Eisenbahnfähre, die KONUNG GUSTAF V, auf der Königslinie in Dienst gestellt. Die Ablieferung erfolgte verspätet aufgrund der mangelnden Erfahrung der schwedischen Bauwerft. Dieses Problem hatte man aber einkalkuliert und deshalb die DROTTNING VICTORIA, die erste in Dienst gestellte schwedische Fähre, zuvor auf einer erfahrenen englischen Werft in Auftrag gegeben, wo sie dann auch pünktlich fertiggestellt wurde. Man wollte den Eröffnungstermin unter keinen Umständen gefährden.

Die Fährlinie entwickelte sich gut, und man stieß bald an die Kapazitätsgrenzen, sodass bereits 1913 über den Einsatz einer fünften Fähre nachgedacht wurde. Der Ausbruch des Ersten Weltkriegs im Jahr 1914 machte allerdings die weiteren Planungen zunichte. Während des Krieges wurden die deutschen Fährschiffe zeitweise durch die Kaiserliche Marine abgezogen und für militärische Zwecke verwendet. Die Beförderungszahlen brachen während der Kriegsjahre massiv ein, erst nach Kriegsende erholten sie sich allmählich wieder.

Zum 1. April 1920 gingen die beiden deutschen Fährschiffe in den Besitz der Deutschen Reichsbahn (DR) über. Diese war nach dem Ende der Monarchie im Deutschen Reich die Nachfolgegesellschaft der Preußischen Staatseisenbahnen (PSB).

Knapp vier Jahre später, im Januar 1924, kam es zu einem besonderen Ereignis: Die Fährschiffe DEUTSCHLAND (I) und PREUSSEN froren am 25. Januar des Jahres für einige Wochen im Eis der Ostsee fest. Im Winter 1928/29 gab es erneut Probleme mit schwerem Eisgang, sodass die beiden Betreiber der Königslinie sich darauf einigten, gemeinsam eine Eisbrecherfähre bauen zu lassen. Bereits am 25. Februar 1931 kam das Eisenbahnfährschiff STARKE unter schwedischer Flagge auf der Königslinie in Fahrt. Im Gegensatz zu

Aufnahme an Bord der DROTTNING VICTORIA um 1955 Foto: Sammlung Järnvägsmuseet/Seved Walther

Die Dampffähre DEUTSCHLAND (I) steckt vor Stubbenkammer im Eis der Ostsee fest (Winter 1924). Foto: Sammlung Brandt

Die STARKE wurde insbesondere dafür gebaut, im Winter den Weg durch das Eis freizubrechen. Foto: Sammlung Järnvägsmuseet

ihren zweigleisigen Vorgängerschiffen war die STARKE bereits mit drei Gleisen ausgestattet.

Nachdem das Problem mit den winterlichen Eisfahrten gelöst war, ergab sich an Land ein weiteres herausforderndes Projekt. Der Schienenverkehr konnte die Insel Rügen von 1883 bis 1936 nur mit einer Eisenbahnfähre über den Strelasund zwischen der Stadt Stralsund auf dem Festland und dem Ort Altefähr auf Rügen erreichen. Der Engpass durch das Übersetzen der Eisenbahnwaggons über den Meeresarm behinderte das weitere Wachstum der Königslinie. Aus diesem Grund wurde der Rügendamm gebaut, der am 5. Oktober 1936 für den Eisenbahnverkehr freigegeben wurde. Diese kombinierte Schienen- und Straßenverbindung besteht aus der klappbaren Ziegelgrabenbrücke über den Strelasund und der Rügendammbrücke zwischen dem Dänholm und Rügen. Sie dient noch heute dem Zugverkehr sowie als Nebenstrecke auch dem Autoverkehr. Nach dem Bau des Rügendamms florierte die Königslinie, und die Beförderungszahlen stiegen deutlich an. Doch dies war nur von kurzer Dauer, da im September 1939 der Zweite Weltkrieg ausbrach. Bis Anfang 1942 lief der Verkehr zwischen Sassnitz und Trelleborg unter den Bedingungen des Krieges verhältnismäßig stabil, bis die STARKE am 26. Februar 1942 beim Eisbrechen vor Sassnitz auf eine Treibmine lief, sank und nach ihrer Bergung aufgrund der erforderlichen umfänglichen Reparaturarbeiten für lange Zeit ausfiel. Mitte dieses Jahres wurde zudem die Beförderung von Zivilisten auf der Königslinie beendet. Übergesetzt wurden jetzt ausschließlich Soldaten, Rohstoffe und militärische Güter. Im Oktober 1942 wurde die DEUTSCHLAND (I) von einem sowjetischen U-Boot torpediert und schwer beschä-

Die beschädigte DEUTSCHLAND (I) nach einem Torpedotreffer im Oktober 1942 Foto: Sammlung Brandt

digt. Erst im Frühjahr 1943 war sie nach Reparaturarbeiten wieder zwischen Sassnitz und Trelleborg im Einsatz.

Durch ein Anlaufverbot für deutsche Schiffe in Schweden ab dem 26. September 1944 wurde der Betrieb auf der Königslinie eingestellt. Die DEUTSCHLAND (I) und die PREUSSEN absolvierten nun Truppen- und Flüchtlingstransporte über die Ostsee. Beide Schiffe kehrten nach Kriegsende nicht wieder nach Sassnitz zurück, sondern gingen als Reparationsleistung an die Sowjetunion.

Bei einem schweren Luftangriff am 6. März 1945 wurde der Hafen von Sassnitz mitsamt seinen Fähranlagen schwer beschädigt. Zudem sprengten in den letzten Kriegstagen deutsche Truppen Teile des Rügendamms. An eine Wiederaufnahme des Fährverkehrs ab Sassnitz war somit kurz nach Ende des Zweiten Weltkriegs im Mai 1945 nicht zu denken. Aus diesem Grund ließ die Statens Järnvägar (SJ) ihre drei Eisenbahnfähren künftig ersatzweise von Trelleborg

Die SASSNITZ (I) im Stadthafen Sassnitz (um 1960) Foto: Stadtarchiv Sassnitz

Die TRELLEBORG (I) kurz nach ihrer Ablieferung im Jahr 1958 Foto: Sammlung Järnvägsmuseet/Seved Walther

nach Warnemünde, Gdynia bzw. Swinemünde fahren. Erst ab März 1948 verkehrten die DROTTNING VICTORIA, die KONUNG GUSTAF V und die STARKE wieder zwischen Sassnitz und Trelleborg. Den Sassnitzer Fährhafen und den Rügendamm hatte man dafür provisorisch hergerichtet. Bis zur endgültigen Beseitigung aller Kriegsschäden dauerte es allerdings noch bis Anfang der 1950er-Jahre. Wegen des Baus militärischer Anlagen auf Rügen verkehrten die Fährschiffe der Königslinie von Oktober 1952 bis August 1953 erneut ersatzweise von Warnemünde aus nach Trelleborg. Erst ab dem 17. August 1953 wurde die

Königslinie ab Sassnitz wieder uneingeschränkt von den drei schwedischen Dampffährschiffen bedient.

Schnell zeigte sich jedoch, dass diese allmählich zu alt und zu klein für den künftigen Trajektverkehr geworden waren. Nach kurzen Verhandlungen entschieden sich die beiden Partner Statens Järnvägar (SJ) und Deutsche Reichsbahn (DR) in den 1950er-Jahren dafür, je ein modernes dieselbetriebenes Auto- und Eisenbahnfährschiff für die Königslinie bauen zu lassen. Im Jahr 1958 bzw. 1959 wurden die beiden Neubauten TRELLEBORG (I) und SASSNITZ (I) in Dienst gestellt. Beide Fährschiffe verfügten über jeweils vier Gleise und ein separates Pkw-Deck. Für diese neue Fährschiffgeneration mussten die Fährhäfen beiderseits der Ostsee umgebaut werden. In Sassnitz wurde dazu das vorhandene Fährbett 1 vergrößert und mit einer neuen Fährbrücke ausgestattet. An diesem Anleger konnten künftig Drei-, Vier- und Fünfgleisfähren festmachen. Des Weiteren entstand ein neues, modernes Fährgebäude aus Beton, Glas und Stahl, „Glasbahnhof" genannt, mit einer geschwungenen Fahrzeugbrücke zum Hochufer. Das zweite Fährbett in Sassnitz wurde nicht umgebaut. Es diente künftig weiterhin den alten Dampffähren zum Anlegen. Die Umbauarbeiten wurden nach etwa dreijähriger Bauzeit im Jahr 1959 abgeschlossen.

Mit dem Bau der Berliner Mauer am 13. August 1961 schottete sich die 1949 gegründete Deutsche Demokratische Republik (DDR) gegenüber der westlichen Welt radikal ab. Fortan waren touristische Reisen für DDR-Bürger auf der Königslinie nahezu unmöglich, und der Fährhafen Sassnitz verwandelte sich in ein Sperrgebiet. Nun nutzten hauptsächlich Skandinavier und Westberliner die Linie als Passagiere. Trotz alledem stiegen auf der Königslinie die Transportzahlen, insbesondere im Frachtverkehr. Dies veranlasste die Deutsche Reichsbahn dazu, ein Auto- und Eisenbahnfährschiff bauen zu lassen, das im Sommerfahrplan die Linie Warnemünde – Gedser bediente und den Rest des Jahres für Vertretungen zwischen Sassnitz

Mit weit geöffneter Heckklappe liegt die SKÅNE (I) im Fährbett 1 des Sassnitzer Stadthafens (um 1970). Sie besaß als erste Fähre der Linie ein separates Lkw-Deck über dem Eisenbahndeck. Bildmitte: Die in den 1950er-Jahren modernisierten Fähranlagen mit dem markanten „Glasbahnhof" Foto: Sammlung Brandt

Die Fährschiffe ROSTOCK und RÜGEN gemeinsam in Sassnitz (um 1980) Foto: Stadtarchiv Sassnitz

und Trelleborg zur Verfügung stand. Im Mai 1963 wurde diese Fähre unter dem Namen WARNEMÜNDE in Dienst gestellt. Im Winter 1963/64 kam die WARNEMÜNDE erstmals zur Werftvertretung auf die Königslinie. Um in Sassnitz das breitere Fährbett nutzen zu können, hatte die Fähre eine hydraulisch ausfahrbare Scheuerleiste. Die Winterfahrten der WARNEMÜNDE ab Sassnitz fanden bis 1973 statt.

In den folgenden Jahren kamen kontinuierlich neue Auto- und Eisenbahnfährschiffe zwischen Sassnitz und Trelleborg in Fahrt: SKÅNE (I) (1967), DROTTNINGEN (1968), RÜGEN (1972), GÖTALAND (1973), SVEALAND (II) (1973), ROSTOCK (1977), TRELLEBORG (II) (1982) und SASSNITZ (II) (1989). Sie lösten zumeist jeweils ältere Einheiten auf der Verbindung ab oder erweiterten den Bestand, sodass ab dem Jahr 1973 in der Regel immer vier Stammfähren auf der Königslinie parallel im Einsatz waren. Zudem kam von 1971 bis 1978 mit der STUBBENKAMMER noch eine ausschließlich für den Güterverkehr konzipierte Eisenbahn-Frachtfähre zum Einsatz. Die alten Dampffährschiffe, die zuletzt nur noch gelegentlich eingesetzt wurden, verließen nach und nach die Verbindung. Die DROTTNING VICTORIA und die KONUNG GUSTAF V wurden 1968 verschrottet, die STARKE ereilte dieses Schicksal 1972 in Ystad. Mit dem Einsatz der ersten Fünfgleisfähre im April 1973 wurde in der Folge bis 1977 auch das zweite Fährbett in Sassnitz umgebaut und an die größeren Fährschiffe angepasst.

Die Ereignisse des 9. Novembers 1989 – der Tag, an dem die Berliner Mauer fiel – ließen auch den Fährverkehr auf der Königslinie nicht unberührt. Infolge der Grenzöffnung kamen viele DDR-Bürger in den Sassnitzer Stadthafen, um die neu gewonnene Reisefreiheit zu nutzen. Es bildeten sich lange Warteschlangen vor den Fähren, zumal man anfangs nur auf den deutschen Fährschiffen mit der Mark der DDR bezahlen konnte.

Nach der Wiedervereinigung Deutschlands fusionierten zum 1. Januar 1994 die beiden Bahngesellschaften Deutsche Bundesbahn (DB) und Deutsche Reichsbahn (DR) zur heutigen Deutschen Bahn AG (DB). Daraus ergaben sich auch die Zusammenlegung und die Privatisierung der Eisenbahnfährverkehre von Ost und West. Bereits am 1. April 1993 ging der deutsche

Fährbetrieb an die Deutsche Fährgesellschaft Ostsee (DFO) über. Auf schwedischer Seite wurden die Fährverkehre Anfang der 1990er-Jahre ausgegliedert. So gingen die schwedischen Schiffe an SweFerry, eine Tochtergesellschaft der Statens Järnvägar (SJ).

Ebenfalls kurz nach der Wende prüften die Betreiber der Königslinie eine mögliche zusätzliche Auto- und Eisenbahnfährlinie zwischen Rostock und Trelleborg. Der Grund dafür war die bessere Schienen- und Straßenanbindung der Hansestadt. Um nach Sassnitz zu gelangen, mussten alle Verkehre über das Nadelöhr Rügendamm und anschließend die gesamte Insel Rügen queren. Ein weiterer großer Nachteil für die Eisenbahn war, dass die Züge in Sassnitz zweimal „Kopf machen", also zwei Fahrtrichtungsänderungen vornehmen und die eingleisige Steilstrecke zum Fährhafen hinunterfahren mussten.

Am 27. Juni 1994 eröffneten DFO und SweFerry schließlich die neue Verbindung von Rostock nach Trelleborg (S. 128). Zum Einsatz kamen die Königslinien-Fährschiffe Rostock und Götaland. Auf der traditionsreichen Verbindung von Sassnitz nach Trelleborg verblieben anschließend nur noch zwei statt bisher vier Stammfähren, die Sassnitz (II) von 1989 und die Trelleborg (II) von 1982.

Nachdem in den 1990er-Jahren in dem 1986 für die Fährlinie nach Klaipėda eröffneten Fährhafen im Sassnitzer Ortsteil Mukran (S. 134) zwei Liegeplätze für die Fährschiffe nach Trelleborg und Bornholm errichtet worden waren, verlegten DFO und SweFerry am 7. Januar 1998 die Königslinien- und Bornholmfähren (S. 112) vom Stadthafen dorthin.

Kurz darauf gab es Änderungen bei den Betreibern der Königslinie. So fusionierte im Jahr 1998 die deutsche DFO mit der dänischen Scandlines A/S zur Scandlines AG. Die schwedische SweFerry wurde zur Scandlines AB, die aber entgegen früheren Planungen kein Teil der Scandlines AG wurde. Vielmehr wurde sie schließlich im Juli 2000 an die Reederei Stena Line veräußert. Im Jahr 2012 verkaufte die Reederei Scandlines AG einige ihrer Fährlinien, darunter die Routen Rostock – Trelleborg und Sassnitz – Trelle-

Die Trelleborg (II) in Sassnitz (Stadthafen) im Sommer 1995 Foto: Kai Ortel

Der Nachtzug D 300 von Berlin nach Malmö wird am Morgen des 31. Juli 2014 in Sassnitz-Mukran auf das Fährschiff Sassnitz (II) verladen. Foto: Johannes Geske

borg, an Stena Line, die die beiden Linien ab Oktober des Jahres alleine betrieb. Dadurch änderte sich das Erscheinungsbild der Fähren Sassnitz (II) und Trelleborg (II), die künftig in den neuen Reedereifarben verkehrten.

Wegen sinkender Beförderungszahlen war es im September 2014 für Stena Line unumgänglich, die Trelleborg (II) aus dem Verkehr zu nehmen und anschließend zu verkaufen. Fortan übernahm die Sassnitz (II) alleine den Fährverkehr zwischen Rügen und Südschweden, bis auch sie im Jahr 2020, bedingt durch die Coronapandemie, die Fährlinie Sassnitz – Trelleborg nicht länger bediente. Damit war der Fährverkehr auf der Königslinie zwischen Sassnitz und Trelleborg nach über 110 Jahren vorerst beendet. Doch kurz darauf gab es wieder Hoffnung, denn die Flensburger Reederei FRS plante die Eröffnung einer neuen Autofährverbindung zwischen Sassnitz und Südschweden (S. 148). ■

Die Sassnitz (II) im Hafen von Trelleborg (September 2014) Foto: Johannes Geske

Stammfähren der Königslinie zwischen Sassnitz und Trelleborg (inklusive Reserve- und Ersatzfähren)

Name	Baujahr	Länge	Breite	Tiefgang	Tonnage	Ladekapazität	Passagiere	Einsatzzeit auf der Linie
Deutschland (I)	1909	113,8 m	16,3 m	4,9 m	2.882 BRT	160,0 m nutzbare Gleislänge	975	1909 – 1944
Preussen	1909	113,8 m	16,3 m	4,9 m	2.849 BRT	160,0 m nutzbare Gleislänge	975	1909 – 1944
Drottning Victoria	1909	113,2 m	16,3 m	5,3 m	3.074 BRT	167,2 m nutzbare Gleislänge	975	1909 – 1944 und 1948 – 1958 Reservefähre: 1958 – 1968
Konung Gustaf V	1910	113,3 m	16,3 m	5,3 m	3.062 BRT	167,4 m nutzbare Gleislänge	975	1910 – 1944 und 1948 – 1959 Reservefähre: 1959 – 1968
Starke	1930	93,0 m	15,9 m	5,2 m	2.459 BRT	230,0 m nutzbare Gleislänge	200	1931 – 1942 und 1948 – 1959 Reservefähre: 1959 – 1971
Marsk Stig	1940	70,0 m	11,5 m	4,0 m	1.107 BRT	65 Pkw	1.000	1942 (nur Militärurlauberverkehr)
Trelleborg (I)	1958	137,7 m	18,8 m	5,4 m	6.950 BRT	403,0 m nutzbare Gleislänge / 30 Pkw	1.500	1958 – 1967 Reservefähre: 1967 – 1972 und 1976
Sassnitz (I)	1959	137,5 m	18,4 m	5,7 m	6.164 BRT	381,0 m nutzbare Gleislänge / 30 Pkw	1.017	1959 – 1972 Reservefähre: 1972 – 1986
Warnemünde	1963	136,4 m	17,7 m	4,8 m	6.149 BRT	326,0 m nutzbare Gleislänge / 140 Pkw	800	Ersatzfähre: 1963 – 1973
Skåne (I)	1966	147,7 m	18,4 m	5,3 m	6.534 BRT	465,0 m nutzbare Gleislänge / 100 Pkw	1.192	1967 – 1982 Reservefähre: 1982 – 1988
Drottningen	1968	115,7 m	18,0 m	4,8 m	5.625 BRT	255,0 m nutzbare Gleislänge / 175 Pkw	1.400	Reservefähre: 1968 – 1971 Ersatzfähre: 1974
Stubbenkammer (Frachtfähre)	1971	124,7 m	16,7 m	4,9 m	1.999 BRT	366,0 m nutzbare Gleislänge / 12 Lkw	12	1971 – 1977 Reservefähre: 1977 – 1978
Rügen	1972	152,2 m	18,8 m	5,6 m	6465 BRT	481,0 m nutzbare Gleislänge / 80 Pkw	1.468	1972 – 1989 Reservefähre: 1989 – 2004
Götaland	1973	149,3 m	22,1 m	5,5 m	5.150 BRT	575,0 m nutzbare Gleislänge / 18 Lkw	36	1973 – 1977 und 1981 – 1994 Reservefähre: 1977 – 1981
Svealand (II)	1973	149,3 m	22,1 m	5,5 m	5.159 BRT	575,0 m nutzbare Gleislänge / 18 Lkw	36	1973 – 1981
Rostock	1977	158,4 m	21,6 m	6,6 m	6.111 BRT	606,0 m nutzbare Gleislänge / 20 Lkw	36	1977 – 1994
Trelleborg (II)	1982	170,2 m	23,6 m	5,8 m	20.028 BRZ	680,0 m nutzbare Gleislänge / 20 Lkw und 15 Pkw	900	1982 – 2014
Sassnitz (II)	1989	171,5 m	23,7 m	4,8 m	20.276 BRZ	711,0 m nutzbare Gleislänge / 220 Pkw	875	1989 – 2020
Mecklenburg-Vorpommern	1996	199,9 m	28,9 m	6,2 m	36.185 BRZ	950,0 m nutzbare Gleislänge / 440 Pkw	887	Ersatzfähre: 1999 und 2001 und 2018 – 2019
Skåne (II)	1998	200,2 m	29,0 m	6,5 m	42.705 BRZ	1.100,0 m nutzbare Gleislänge / 500 Pkw	600	Ersatzfähre: 2006

Seit 1961: Autofährlinie Kiel – Oslo

Die Kronprins Harald (I) Mitte der 1960er-Jahre am Kieler Oslokai. Abgefertigt wird sie über Seitenpforten.
Foto: StAKiel, 2.3 Magnussen 38.346

Der norwegische Reeder Anders Jahre hatte nach Ende des Zweiten Weltkriegs bei der Kieler Howaldtswerke AG mehrere Tankschiff-Neubauten bestellt. Die Auftragslage für Tanker war jedoch im Jahr 1958 ausgesprochen schlecht, und so versuchte Jahre seine Bestellung bei Howaldt zu stornieren. Die Werft lehnte jedoch ab, weshalb Jahre überlegte, den Auftrag umzuwandeln. Statt eines Tankers sollte nun ein modernes Autofährschiff für die Route Kiel – Oslo gebaut werden. Die Idee einer regelmäßigen Schiffsverbindung zwischen Kiel und Norwegen war zwar nicht gänzlich neu, denn bereits ab 1847 verkehrten hier verschiedene Dampfschiffe für Passagiere und Fracht. Der Einsatz einer Autofähre war allerdings innovativ. Und so machte Anders Jahre 1959 der Stadt Kiel den Vorschlag, eine kombinierte Auto- und Passagierfährlinie zwischen Kiel und Oslo einzurichten. Die Stadt Kiel war begeistert und stand nun vor der Aufgabe, für das Fährschiff einen geeigneten Anleger zu bauen. Dieser entstand bis 1961 in der Nähe des Seegartenplatzes und des Kieler Schlosses – er erhielt den Namen Oslokai. Am 3. Mai 1961 legte schließlich das neu gebaute Fährschiff Kronprins Harald (I) der Jahre Line erstmals am neuen Oslokai in Kiel an. Dabei gab es eine Besonderheit: Anders Jahre ließ das Fährschiff im Stil damaliger Kreuzfahrtschiffe bauen. Bug und Heck sollten elegant wirken und nicht durch RoRo-Klappen ihre

Die zweite Fähre der Linie Kiel – Oslo, die PRINSESSE RAGNHILD (I), an einem warmen Sommertag im August 1966 in Kiel. Foto: StAKiel, 2.3 Magnussen 39.058

ästhetische Form verlieren. So musste die Be- und Entladung über Seitenpforten erfolgen.

Aufgrund steigender Nachfrage stellte die Reederei rund fünf Jahre später, im Juni 1966, mit der PRINSESSE RAGNHILD (I) eine zweite Fähre, die ebenfalls nur über Seitenpforten mit Fahrzeugen beladen werden konnte, zwischen Kiel und Oslo in Dienst. Da in der verkehrsschwächeren Nebensaison anfangs ein Fährschiff auf der Linie genügte, bot man mit der neuen Fähre bis 1973 im Winterhalbjahr Kreuzfahrten im Mittelmeer, zu den Kanaren und zum Nordkap an. Als Besonderheit konnten die Kreuzfahrtgäste ihr Auto auf dem Fahrzeugdeck mitnehmen und bei Landausflügen nutzen.

In den folgenden Jahren wurden die beiden Stammfähren zwischen Kiel und Oslo aufgrund weiter steigender Beförderungszahlen mehrfach durch größere Neubauten ersetzt. Die neuen Fährschiffe konnten nun auch klassisch über Bug und Heck mit Fahrzeugen beladen werden.

Die KRONPRINS HARALD (II) von 1976 wurde 1987 an DFDS übergeben und verkehrte fortan als HAMBURG zwischen Hamburg und England. Foto: Dieter Streich

Im Jahr 1990 schlossen sich die beiden norwegischen Reedereien Jahre Line und Norway Line zusammen und gründeten die neue Reederei Color Line. Diese betreibt die Fährverbindung Kiel – Oslo bis heute und setzt derzeit die beiden Schwesterschiffe Color Fantasy und Color Magic ein (S. 138). Zum Anlegen nutzen die Oslo-Fähren in Kiel seit 1997 nicht mehr den Oslokai, sondern den neu errichteten Norwegenkai am Ostufer der Kieler Förde. Dieser Schritt war notwendig geworden, weil der Flächenbedarf für die Fahrzeugabfertigung immer größer wurde und es am Oslokai aufgrund der Innenstadtlage keine Möglichkeiten für Erweiterungen gab. Zudem bietet der Norwegenkai einen Gleisanschluss. ■

Die 1981 gebaute Prinsesse Ragnhild (II) wurde von Herbst 1991 bis zum Frühjahr 1992 auf einer spanischen Werft umgebaut. Unter anderem verlängerte man die Fähre dabei um rund 35 Meter. Hier ist sie nach dem Umbau auf der Kieler Förde zu sehen. Foto: Dieter Streich

Im Oktober 2005 läuft die Kronprins Harald (III) aus Kiel aus. Dabei begegnet ihr die Personenfähre Strande der Fördefährlinie auf ihrem Weg von Laboe zum Anleger Bahnhofsbrücke nahe der Kieler Innenstadt. Foto: Marko Stampehl

Heute setzt die Reederei Color Line mit der COLOR FANTASY und der COLOR MAGIC zwischen Kiel und Oslo moderne Kreuzfahrtfähren ein. Foto: Dieter Streich

Stammfähren zwischen Kiel und Oslo

Name	Baujahr	Länge	Breite	Tiefgang	Tonnage	Ladekapazität	Passagiere	Einsatzzeit auf der Linie
KRONPRINS HARALD (I)	1961	138,3 m	18,0 m	5,5 m	7.034 BRT	150 Pkw	577	1961 – 1975
PRINSESSE RAGNHILD (I)	1966	141,0 m	20,0 m	5,8 m	7.694 BRT	230 Pkw	614	1966 – 1980
KRONPRINS HARALD (II)	1976	156,4 m	24,0 m	6,7 m	12.752 BRT	400 Pkw	960	1976 – 1987
PRINSESSE RAGNHILD (II)	1981	170,0 m	24,0 m	5,8 m	16.631 BRT	603 Pkw	892	1981 – 2004
KRONPRINS HARALD (III)	1987	166,3 m	28,4 m	6,5 m	31.122 BRZ	700 Pkw	1.440	1987 – 2007
COLOR FANTASY	2004	223,7 m	35,0 m	6,8 m	75.027 BRZ	750 Pkw (1.280 Lademeter)	2.750	seit 2004
COLOR MAGIC	2007	223,7 m	35,0 m	6,8 m	75.156 BRZ	550 Pkw (1.265 Lademeter)	2.700	seit 2007

Seit 1961: Kiel – Fährhaus nach Norden

Am 3. April 1964 liegen die Autofähre ISEFJORD der Route Kiel – Nakskov und das Fahrgastschiff GORCH FOCK am Oslokai.
Foto: StAKiel, 2.3 Magnussen 32.601

Im Jahr 1961 wurde in Kiel der Oslokai für die Autofähre in die norwegische Hauptstadt eröffnet. Im Laufe der 1960er-Jahre kamen an Kiels erstem Fährterminal weitere Autofährlinien hinzu: Kiel – Nakskov (1963), Kiel – Bagenkop (1965), Kiel – Göteborg (1967) und Kiel – Nyborg (1973). Außerdem wurde 1964 erneut die kombinierte Fährverbindung Kiel – Korsør etabliert, auf der bereits von 1950 bis 1952 zwei zu Autofähren umgebaute Minensuchboote verkehrten. Für die vielen neuen Fährlinien musste der anfangs mit nur einem Anleger ausgestattete Oslokai ausgebaut werden, und so entstanden dort bis 1969 drei weitere Fähranleger. Die Deutsche Bundespost nahm diese Entwicklung zum Anlass, im Mai 1964 eigens eine Sonderbriefmarke mit dem Titel „Kiel – Fährhaus nach Norden" herauszugeben.

Während die Autofähren nach Oslo und Göteborg bis heute verkehren, hatte die kombinierte Fährverbindung nach Nakskov nur bis 1967 und kurzzeitig noch mal im Jahr 1976 Bestand. Die Fährverbindung nach Nyborg überdauerte bis 1977, die nach Korsør mit Unterbrechungen bis 1995 und die nach Bagenkop bis 1999, als der zollfreie Einkauf auf Seereisen innerhalb der Europäischen Union – die Grundlage vieler Fährlinien – untersagt wurde. Lediglich in den Jahren 2000 und 2003 gab es kurzzeitig nochmals Versuche einer Autofährlinie nach Langeland, die sich aber ohne den Duty-free-Verkauf wirtschaftlich nicht rechneten.

Einen zweiten Fährterminal erhielt die Stadt Kiel im Jahr 1982, nachdem zentrumsnah auf dem Gelände des Bollhörnkais der neue Schwedenkai entstanden war. An diesem wurden künftig die Fährschiffe nach Göteborg abgefertigt. Zudem verkehrte nach dem Ende des Kalten Krieges von hier zwischen 1991 und 1996 eine Autofähre nach St. Petersburg in Russland. Durch den Fall des Eisernen Vorhangs und der Auflösung der Sowjetunion kamen ab Kiel weitere

Im Jahr 1975 liegen die Oslofähre Prinsesse Ragnhild (I) und die Göteborg-Fähre Stena Scandinavica (I) am Kieler Oslokai.
Foto: StAKiel, 2.33 – Stadtplanungsamt der Stadt Kiel 71.258

Kieler Schwedenkai im Juli 1991, Blick von der Sankt-Petersburg-Fähre Anna Karenina auf die Göteborg-Fähre Stena Germanica (II)
Foto: Tim Schwabedissen

Autofährlinien in Richtung Osteuropa dazu. Die eingesetzten Fährschiffe wurden im 1985 errichteten Ostuferhafen abgefertigt. Dort eröffnete auch die litauische Reederei Lithuanian Shipping Company (LISCO) im Oktober 1993 den bis heute bestehenden kombinierten Auto- und Passagierfährverkehr nach Klaipėda in Litauen. Er war bereits am 15. April 1993 als Frachtfährdienst von einem provisorisch eingerichteten Anleger auf dem ehemaligen HDW-Gelände am Ostufer der Kieler Förde aus gestartet. Auf der Verbindung nach Klaipėda sowie nach Riga, Liepāja und Kaliningrad fuhren von 1992 bis 1995 zudem zwei Autofähren der Reederei Balt-RoRo-Line, die aber aufgrund der starken Konkurrenz durch LISCO schon nach kurzer Zeit wieder aufgeben musste. Später gab es ab Kiel von anderen Reedereien weitere Autofährlinien in Richtung Baltikum und Russland: nach St. Petersburg im Jahr 1996 und von 2001 bis 2004, nach Riga in den Jahren 2002 und 2003 sowie nach Ust-Luga bei St. Petersburg von 2011 bis 2013.

Bereits im Jahr 1997 wechselten die Oslo-Fähren von dem zu klein gewordenen Oslokai an den flächenmäßig größeren, neu errichteten Norwegenkai am Ostufer der Kieler Förde gegenüber dem Kieler Hauptbahnhof. Der Oslokai wurde, um Verwirrungen vorzubeugen, in Ostseekai umbenannt und von 2006 bis 2007 in rund 18 Monaten vom Fährterminal zum modernen Kreuzfahrtterminal mit zwei Liegeplätzen umgebaut. Heute haben sich ab Kiel die drei Fährlinien nach Oslo (S. 30), Göteborg (S. 82) und Klaipėda (S. 122) etabliert und verzeichnen jedes Jahr hohe Beförderungszahlen. Abgefertigt werden sie an den drei großen Fährterminals der Stadt: dem Norwegenkai, dem Schwedenkai und dem Ostuferhafen. ■

Die Klaipėda-Fähre PETERSBURG und die Sankt-Petersburg-Fähre TRANSLUBECA im Kieler Ostuferhafen (Anfang der 2000er-Jahre)
Foto: Tim Schwabedissen

Innenansicht des Terminalgebäudes am 1997 eröffneten Kieler Norwegenkai
Foto: Lars-Kristian Brandt

Seit 1962: Skandinavienkai Travemünde

Die Schweden-Fähre Nils Holgersson (I), die Finnland-Fähre Hansa Express und die Dänemark-Fähre Gedser (I) am Skandinavienkai (Mitte der 1960er-Jahre) Foto: Archiv Lübecker Hafen-Gesellschaft

Bereits im Jahr 1953 eröffnete die Statens Järnvägar (SJ) eine erste Fährlinie für den Passagier- und Autotransport zwischen dem Lübecker Stadtteil Travemünde und Trelleborg in Südschweden. Zum Einsatz kamen anfangs die beiden Dampffähren Drottning Victoria und Konung Gustaf V, die diese neue Route ausschließlich in der Sommersaison neben ihrem Einsatz auf der Königslinie zwischen Sassnitz und Trelleborg bedienten. Angelegt wurde in Travemünde am Ostpreußenkai. Der Anleger hat seinen Namen von der in den 1930er-Jahren bestehenden Passagierschifflinie in die ehemalige deutsche Provinz Ostpreußen. Mit dieser Verbindung konnte der politisch unsichere „Polnische Korridor" auf dem Seeweg umfahren werden.

Aufgrund fehlender RoRo-Rampen am Travemünder Ostpreußenkai mussten die beiden Trelleborg-Fähren der Statens Järnvägar (SJ) die Fahrzeuge in den 1950er- und 1960er-Jahren umständlich durch Seitenpforten laden. Um diesen Missstand zu beheben, schlug der weitdenkende Hamburger Reeder Johann

Amandus Reinecke dem Lübecker Bürgermeister Max Wartemann im Jahr 1959 vor, in Travemünde einen Kai für Autofähren zu errichten. Es gab zwar Pläne, den alten Ostpreußenkai mit einer RoRo-Rampe zu versehen, jedoch wurden diese aufgrund fehlender Erweiterungsflächen nicht weiterverfolgt. Stattdessen entschied man sich dafür, einen gänzlich neuen Anleger auf dem Gelände einer ehemaligen Pelztierfarm und Fischersiedlung in der nahe gelegenen Siechenbucht zu errichten. Bereits im Frühjahr 1962 wurde dieser Anleger als Skandinavienkai fertiggestellt und am 28. März des Jahres in Betrieb genommen. Erste Autofähre am Kai war die Nils Holgersson (I) der von Reinecke neu gegründeten Reederei TT-Linie. Sie verband künftig ebenfalls Travemünde mit Trelleborg (S. 44).

Schon am 24. Juli 1962 kam die finnische Reederei Finnlines mit einer zweiten Autofährlinie an den erst kurz zuvor eröffneten Skandinavienkai. Diese setzte den Neubau Hansa Express fortan zwischen Travemünde und Finnland ein (S. 52).

Die schwedischen Dampffähren Drottning Victoria und Konung Gustaf V verbanden bereits ab 1953 Travemünde mit Trelleborg. Fahrzeuge mussten am Ostpreußenkai durch Seitenpforten verladen werden. Foto: Archiv Lübecker Hafen-Gesellschaft

Die Finlandia verkehrte für die finnische Reederei FÅA von Travemünde nach Kopenhagen und Helsinki. Hier wird sie im Jahr 1969 am Skandinavienkai beladen.
Foto: Archiv Lübecker Hafen-Gesellschaft

Bedingt durch die Teilung Deutschlands und den Mauerbau 1961 kündigten sich schon kurze Zeit später weitere Fährverkehre ab Travemünde, einem der östlichsten Häfen Westdeutschlands, an: Von 1963 bis 1965 erhielt der Skandinavienkai daher drei weitere Fähranleger. Ab 1963 verbanden Autofähren Travemünde mit dem dänischen Gedser und ab 1965 mit dem schwedischen Malmö (S. 76). Die Route nach Gedser wurde mit der Wiedervereinigung Deutschlands im Jahr 1990 nach Rostock verlegt, die Linie nach Malmö existiert bis heute und wird seit 2002 erfolgreich von Finnlines betrieben. Vom Skandinavienkai aus wurden weitere neue Fährverbindungen eingerichtet, beispielsweise nach Rønne auf Bornholm (ab 1964), Kopenhagen (ab 1966), Halmstad (ab 1966), Helsingborg (ab 1966) oder Göteborg (ab 1974). Teilweise hatten die Linien über viele Jahre Bestand. Es kam aber auch vor, dass einige Linien sich schon nach kurzer Zeit als unrentabel erwiesen und wieder eingestellt werden mussten.

Um dem stetig steigenden Bedarf und den immer größeren Fährschiffen gerecht zu werden, gingen bis 1975 zwei weitere Fähranleger in Betrieb. Zudem erhielt der Skandinavienkai durch den Bau eines Stammgleises Anfang 1975 einen effizienteren Bahnanschluss. Dieser wurde unter anderem für die neue Eisenbahngüterfähre der Reederei Railship nach Finnland benötigt (S. 88). Dafür verfügte der im selben Jahr eröffnete sechste Fähranleger zudem als Erster in Travemünde über eine Fährbrücke mit Gleisen für die Verladung von Eisenbahnwaggons. Um Passagier- und Fahrzeugströme zu trennen, errichtete man im Jahr 1977 am Skandinavienkai eine Passagierbrücke zwischen der neuen Wartehalle am Eingang zum Hafengelände und den Anlegern 4, 5 und 6. Dadurch wurde das Unfallrisiko reduziert. Auch die Beladungszeiten der Fährschiffe konnten auf diese Weise optimiert werden.

Die Helsinki-Fähre Finnhansa (I) am Skandinavienkai (1972). Dahinter sind die Fähren nach Malmö, Trelleborg, Gedser und Helsingborg zu sehen.
Foto: Archiv Lübecker Hafen-Gesellschaft

Zur Umgehung des Gebiets der Deutschen Demokratischen Republik (DDR) eröffnete die Reederei Polferries im Jahr 1982 eine Autofährlinie zwischen

Die Helsingborg-Fähre SVEALAND (I), die Trelleborg-Fähre PETER PAN (II), die Ostseekreuzfahrt-Fähre ESPRESSO OLBIA, die Gedser-Fähre TRAVEMÜNDE (II) und die Göteborg-Fähre PRINSESSAN BIRGITTA am Travemünder Skandinavienkai (1980)
Foto: Archiv Lübecker Hafen-Gesellschaft

Das Intermodal-Terminal Baltic Rail Gate nahm 2003 seinen Betrieb auf.
Foto: Archiv Lübecker Hafen-Gesellschaft

Travemünde und Polen. Hierbei wurden auf polnischer Seite die Häfen von Swinemünde und Danzig angelaufen. Unterdessen ging der Ausbau am Skandinavienkai kontinuierlich weiter, bis 1991 entstanden zwei weitere Fähranleger. Die nun insgesamt acht Anleger wurden insbesondere nach dem Zerfall der Sowjetunion dringend benötigt, denn in den 1990er-Jahren begann in deutschen Fährhäfen das Zeitalter der Fährverbindungen ins Baltikum und nach Russland. Auch vom Travemünder Skandinavienkai und sogar von den RoRo-Terminals in Lübeck wurden in der Folge neue Autofährlinien beispielsweise nach Tallinn, St. Petersburg oder Klaipėda eingerichtet.

Um die Jahrtausendwende veränderte sich das Bild des Skandinavienkais einschneidend. Zunächst wurden 1998 die zu klein gewordenen Anleger 1 bis 4 zu zwei größeren RoRo-Liegeplätzen umgebaut, bevor von 1999 bis 2006 drei neue Doppelstockanleger entstanden. Hier konnten künftig die Fährschiffe auf zwei Ebenen parallel be- und entladen werden. Außerdem erweiterte man von 2005 bis 2007 das Terminalgelände, um mehr Platz für Aufstell- und Gewerbeflächen zu schaffen. Des Weiteren wurde das alte Abfertigungsgebäude im nördlichen Bereich durch ein neues Hafenhaus mit Gate im Süden ersetzt. Für die Erweiterungsmaßnahmen des Skandinavienkais wurden die Bahnstrecke Bad Schwartau – Travemünde Strand auf rund 1,5 Kilometer Länge nach Westen verlegt und die alte Travemünder Landstraße mit der markanten Baumreihe zurückgebaut. Die hügelige Landschaft trug man an dieser Stelle teilweise ab.

Bereits im Jahr 2003 wurde am Skandinavienkai ein neues Terminal für den Umschlag von Einheiten des kombinierten Ladungsverkehrs zwischen Schiene und Straße eröffnet. Diese Baltic Rail Gate genannte Anlage verfügt heute über sechs zuglange Gleise von jeweils 720 Meter Länge sowie über drei Portalkrane. Pro Jahr können hier bis zu 240.000 Ladeeinheiten umgeschlagen werden. Die jüngsten Maßnahmen zur Steigerung der Leistungsfähigkeit des Skandinavienkais sind die Inbetriebnahme eines vierten Doppelstockanlegers im Dezember 2013, die Fertigstellung eines Forstprodukte-Terminals und neuer Abstellflächen Ende 2021 sowie der Umbau des Anlegers 5 für RoRo-Schiffe mit bis zu 250 Meter Länge und 38 Meter Breite. Dieser ist seit Sommer 2023 in Betrieb. ■

Übersicht über den Skandinavienkai im Sommer 2012. Rechts im Bild das Fährschiff Nils Dacke (III), links die Frachtfähren Finnkraft und Baltica Foto: Archiv Lübecker Hafen-Gesellschaft

Fähranleger am Skandinavienkai

Anleger	Inbetriebnahme	Ausstattung	Bemerkung
1 (ab 1965: 3)	1962	Fährbrücke für Straßenfahrzeuge	1998 durch die Anleger 3 (neu) und 4 (neu) ersetzt
2	1963	Fährbrücke für Straßenfahrzeuge	
1 (neu)	1965	Fährbrücke für Straßenfahrzeuge	
4	1965	Fährbrücke für Straßenfahrzeuge	
5	1972	Fährbrücke für Straßenfahrzeuge 2001 – 2006: zusätzlich Oberdeckrampe für Straßenfahrzeuge	2023 durch Anleger 5 (neu) ersetzt
6	1975	Fährbrücke für Schienen- und Straßenfahrzeuge	2005/06 durch die Anleger 6 (neu) und 5a ersetzt
7	1982	ab 1982: feste RoRo-Rampe ab 1986: Fährbrücke für Schienen- und Straßenfahrzeuge seit 2013: Doppelstockrampe für Straßenfahrzeuge	in Betrieb
8	1991	Fährbrücke für Schienen- und Straßenfahrzeuge	in Betrieb
3 (neu)	1998	RoRo-Ponton	in Betrieb
4 (neu)	1998	RoRo-Ponton (2021 für größere Schiffe verbreitert)	in Betrieb
7a	1999	feste RoRo-Rampe	in Betrieb
6a	2000	Doppelstockrampe für Straßenfahrzeuge	in Betrieb
6 (neu)	2005	Doppelstockrampe für Straßenfahrzeuge	in Betrieb
5a	2006	Doppelstockrampe für Straßenfahrzeuge	in Betrieb
5 (neu)	2023	feste RoRo-Rampe	in Betrieb

Seit 1962: Autofährlinie Travemünde – Trelleborg

Die NILS HOLGERSSON (I) wurde 1962 auf der Hanseatischen Werft in Hamburg-Harburg gebaut. Hier passiert sie die Hamburger Landungsbrücken auf dem Weg nach Travemünde. Foto: Sammlung Matthias Böckenhauer

Die kombinierte Auto- und Passagierfährverbindung Travemünde – Trelleborg wurde bereits von 1953 bis 1971 von Statens Järnvägar (SJ) bedient. Anfangs jedoch verkehrten die eingesetzten Fährschiffe auf dieser Linie nur in der Sommersaison. Einen ersten ganzjährigen Fährverkehr zwischen Travemünde und dem südschwedischen Trelleborg gab es schließlich ab dem 28. März 1962, als der Hamburger Reeder und Gründer der Reederei Travemünde-Trelleborg-Linie (TT-Linie) Johann Amandus Reinecke die neu gebaute Autofähre NILS HOLGERSSON (I) auf der Verbindung einbrachte. Benannt war das Fährschiff nach der Titelfigur des Kinderbuchromans „Die wunderbare Reise des kleinen Nils Holgersson mit den Wildgänsen" der schwedischen Schriftstellerin Selma Lagerlöf.

Etwa drei Jahre nach Eröffnung des ganzjährigen Fährverkehrs nach Trelleborg setzte die Reederei TT-Linie mit der PETER PAN (I) im März 1965 eine zweite Stammfähre nach Schweden ein. Sie war deutlich größer als die NILS HOLGERSSON (I) und gehörte bereits zur zweiten Fährschiffgeneration auf dieser Verbindung. Ihren Namen hat die PETER PAN (I) von

Von 1968 bis 1971 kam als Nachfolger der beiden Dampffähren Drottning Victoria und Konung Gustaf V für die Statens Järnvägar (SJ) das Fährschiff Drottningen zwischen Travemünde und Trelleborg zum Einsatz. Das Schiff wurde auch auf der Königslinie eingesetzt. Foto: Sammlung Järnvägsmuseet

der gleichnamigen Kinderbuchfigur des schottischen Schriftstellers James Matthew „J. M." Barrie.

Damit künftig auf allen Abfahrten nach Trelleborg die gleichen Kapazitäten angeboten werden konnten, ersetzte die Reederei TT-Linie bereits im Juni 1967 die alte und kleinere Nils Holgersson (I) von 1962 durch einen größeren Neubau gleichen Namens. Das neue Schiff, die Nils Holgersson (II), hatte nahezu identische Abmessungen wie ihr rund zwei Jahre älteres Schwesterschiff Peter Pan (I).

Aufgrund der in den Folgejahren stetigen Zunahme an zu befördernden Fahrzeugen und Passagieren auf der

Blick vom Travemünder Fischereihafen zum Skandinavienkai. Von diesem legt im Jahr 1968 die Nils Holgersson (II) nach Trelleborg ab. Dahinter liegen die Fähren Gustav Vasa (I), Gedser (II) und Kronprins Carl Gustaf (v. l. n. r.). Foto: Archiv Lübecker Hafen-Gesellschaft

TT-Flaggschiffe zwischen Travemünde und Trelleborg

Generation	Name	Baujahr	Länge	Breite	Tiefgang	Tonnage	Lade-kapazität	Passagiere	Einsatzzeit als Flaggschiff auf der Linie
1	Nils Holgersson (I)	1962	110,0 m	15,3 m	4,5 m	3.529 BRT	120 Pkw	850	1962 – 1966
2	Peter Pan (I)	1965	123,3 m	18,0 m	4,7 m	4.407 BRT	230 Pkw	815	1965 – 1973
	Nils Holgersson (II)	1967				4.410 BRT		850	1967 – 1975
3	Peter Pan (II)	1974	148,9 m	23,5 m	5,5 m	12.528 BRT	810 Lademeter	1.600	1974 – 1986
	Nils Holgersson (III)	1975				12.527 BRT			1975 – 1984
4	Peter Pan (III)	1986	161,5 m	27,6 m	6,2 m	31.356 BRZ	1.410 Lademeter	1.745	1986 – 1993
	Nils Holgersson (IV)	1987				31.395 BRZ		1.600	1987 – 1992
5	Peter Pan (IV)	1988 als Nils Dacke (II)	177,2 m	26,0 m	5,7 m	30.825 BRZ	1.480 Lademeter	1.044	1993 – 2001
	Nils Holgersson (V)	1989 als Robin Hood (IV)							1993 – 2001
6	Nils Holgersson (VI) (ab 2022 Akka)	2001	190,8 m	29,5 m	6,2 m	36.468 BRZ	2.685 Lademeter	744	seit 2001
	Peter Pan (V) (ab 2022 Tinker Bell)								seit 2001
7	Nils Holgersson (VII)	2022	229,4 m	31,0 m	6,7 m	56.138 BRZ	4.000 Lademeter	800	seit 2022
	Peter Pan (VI)	2023							seit 2023

Lkw-Stammfähren von TT-Saga-Line/TT-Line zwischen Travemünde und Trelleborg

Name	Baujahr	Länge	Breite	Tiefgang	Tonnage	Lade-kapazität	Passagiere	Einsatzzeit auf der Linie
Svealand (I) (ab 1984 Saga Wind)	1972	118,0 m	21,0 m	5,0 m	3.987 BRT	600 Lademeter	36	1982 – 1989
Saga Star	1981	147,0 m	24,0 m	6,3 m	8.226 BRT	1.408 Lademeter	80	1982 – 1988 und 1993 – 1995
Nils Dacke (II*) (ab 2002 Huckleberry Finn)	1988	177,2 m	26,0 m	5,7 m	24.745 BRZ	2.250 Lademeter	284	1988 – 1993 und seit 2014
Robin Hood (IV*) (ab 2001 Tom Sawyer)	1989	177,2 m	26,0 m	5,7 m	24.728 BRZ	2.250 Lademeter	284	1989 – 1992 und seit 2014
TT-Traveller	1991 als Stena Traveller	154,0 m	24,3 m	5,9 m	18.332 BRZ	1.800 Lademeter	245	1992 – 1995
Robin Hood (V) (ab 2014 Nils Dacke [IV])	1995	179,3 m	27,2 m	6,0 m	26.796 BRZ	2.428 Lademeter	300	seit 1995
Nils Dacke (III) (ab 2014 Robin Hood [VI])	1995	179,3 m	27,2 m	6,0 m	26.790 BRZ	2.428 Lademeter	300	seit 1995

*Die Vorgängerschiffe mit diesen Namen verkehrten entweder nur kurzzeitig für TT oder waren für die Reederei auf den von 1973 bis 1980 bestehenden Fährreisen mit Kreuzfahrtflair im Ostseeraum unterwegs.

Im Jahr 1977 treffen sich die Schweden-Fähren SVEALAND (I) und PETER PAN (II) der beiden Konkurrenten Saga-Linjen und TT-Linie auf der Trave zwischen Skandinavienkai und Ostsee. Eine solche Begegnung findet heute aufgrund der Schiffsgrößen an dieser Stelle nicht mehr statt.
Foto: Archiv Lübecker Hafen-Gesellschaft

Die vorrangig für den Lkw-Verkehr eingesetzte SAGA STAR in den 1980er-Jahren vor Travemünde Foto: Dieter Streich

Fährlinie Travemünde – Trelleborg wurden in regelmäßigen Abständen die beiden Flaggschiffe immer wieder durch größere und modernere Fährschiffe ersetzt. Diese erhielten stets die Namen NILS HOLGERSSON und PETER PAN. Die alten Schiffe mit diesen Namen wurden daraufhin umbenannt oder veräußert.

Im Jahr 1980 schlossen sich die beiden großen Konkurrenten im Fährverkehr von Travemünde nach Südschweden, die Saga-Linjen, die Fährschiffe nach Malmö und Helsingborg einsetzte, und die TT-Linie zur neuen TT-Saga-Line zusammen. Bereits ab 1978 hatte man aus wirtschaftlichen Gründen eine Fahrplangemeinschaft vereinbart, um im Fährverkehr nach Südschweden profitabel agieren zu können.

Im Jahr 1982 wurden die Fährverkehre nach Malmö und Helsingborg eingestellt, und TT-Saga-Line konzentrierte sich in der Folge ausschließlich auf die Verbindung Travemünde – Trelleborg. Die seitens der Saga-Linjen eingebrachten Fährschiffe SVEALAND (I) und SAGA STAR sowie deren Nachfolger übernahmen

Die 1986 bzw. 1987 in Dienst gestellten Schwesterschiffe PETER PAN (III) (im Bild) und NILS HOLGERSSON (IV) wurden aufgrund ihrer komfortablen Ausstattung von der Reederei als Märchenschiffe beworben.
Foto: Dieter Streich

künftig vorrangig den Lkw-Verkehr, während die TT-Flaggschiffe NILS HOLGERSSON und PETER PAN primär von Passagieren und ihren Pkw genutzt wurden. Mit der Zeit vermischte sich dies jedoch mehr und mehr. Heute ist der Unterschied beim Fahrzeugtransport zwischen den Flaggschiffen und den Lkw-Fähren kaum mehr erkennbar.

Am 1. Januar 1986 wurde der Reedereiname von TT-Saga-Line in TT-Line geändert. Unter diesem Namen ist die Reederei bis heute im Fährverkehr zwischen Deutschland, Schweden, Polen (seit 2014) und Litauen (seit 2018) aktiv. Auf der Verbindung Travemünde – Trelleborg kommen heute neben den beiden Flaggschiffen NILS HOLGERSSON (VII) und PETER PAN (VI) regelmäßig die Fährschiffe AKKA, TINKER BELL, ROBIN HOOD (VI), NILS DACKE (IV), HUCKLEBERRY FINN und TOM SAWYER zum Einsatz. Auf ausgewählten Abfahrten wird zudem seit 2014 ein Zwischenstopp in Rostock eingelegt.

In den Jahren 1998 bis 2009 gab es für die Reederei TT-Line eine direkte Konkurrenz zwischen Travemünde und Trelleborg. Die schwedische Scandlines AB betrieb in dieser Zeit eine vorrangig für den Lkw-Verkehr eingerichtete Parallelverbindung, die jedoch zum Jahreswechsel 2009/10 von TT-Line übernommen und mit der bis zuletzt eingesetzten GÖTALAND noch bis Mitte September 2010 weiterbetrieben wurde. ■

Stammfähren von Scandlines AB zwischen Travemünde und Trelleborg

Name	Baujahr	Länge	Breite	Tiefgang	Tonnage	Ladekapazität	Passagiere	Einsatzzeit auf der Linie
GÖTALAND	1973	182,0 m	22,5 m	5,8 m	18.060 BRZ	1.383 Lademeter	400	1998 – 2009
SVEALAND (III)	1999 als ALYSSA	186,0 m	25,6 m	6,5 m	25.206 BRZ	2.238 Lademeter	327	2001 – 2003
ASK	1982 als LUCKY RIDER	171,1 m	20,3 m	5,4 m	13.294 BRZ	1.598 Lademeter	186	2003 – 2005

Die Schwesterschiffe Peter Pan (IV) und Nils Holgersson (V) (im Bild) wurden 1988/89 als Nils Dacke (II) und Robin Hood (IV) vorrangig für den Lkw-Verkehr gebaut. Sie waren sogar mit Eisenbahnschienen ausgestattet, die aber nie regulär genutzt wurden. In den Jahren 1992/93 erhielten sie größere Passagiereinrichtungen für den Einsatz als neue Flaggschiffe der Reederei. Nach einem Rückbau großer Teile der Fahrgastdecks in den Jahren 2001/02 sind sie heute wieder vorwiegend zur Lastwagenbeförderung als Huckleberry Finn und Tom Sawyer im Einsatz. Foto: Marko Stampehl

Die Flaggschiffe Nils Holgersson (VI) (im Bild) und Peter Pan (V) von 2001 heißen heute Akka und Tinker Bell. Foto: Dieter Streich

Die Svealand (III) verkehrte von 2001 bis 2003 für die schwedische Scandlines AB auf der Verbindung Travemünde – Trelleborg. Anschließend kam sie zwischen Kiel und Klaipėda zum Einsatz. Foto: Tim Becker

Die 1995 gebaute ROBIN HOOD (V) und ihr zeitgleich entstandenes Schwesterschiff NILS DACKE (III) tauschten im Jahr 2014 die Namen. Foto: Dieter Streich

TT-Line
Robin Hood
Emden

Seit 1962: Autofährlinie Travemünde – Helsinki

Die FINNHANSA (I) im Jahr 1966 am Lübecker Nordlandkai Foto: Archiv Lübecker Hafen-Gesellschaft

Bereits vor dem Zweiten Weltkrieg gab es eine regelmäßige Dampferverbindung zwischen Lübeck und Helsinki. Im Mai 1954 nahm die Reederei Finska Ångfartygs Aktiebolaget (FÅA) mit dem 1898 gebauten Dampfschiff OIHONNA den regelmäßigen Passagierverkehr auf der Linie wieder auf. Als südlichen Endpunkt wählte man Travemünde. Autos mussten auf die OIHONNA und ihre Nachfolger WELLAMO, SILJA, SILJA II und AALLOTAR, von denen Letztere noch bis 1970 auf der Verbindung zum Einsatz kam, umständlich per Kran an Deck gehievt werden. Dies veranlasste die finnische Reederei Finnlines dazu, bereits am 24. Juli 1962 mit der Autofähre HANSA EXPRESS eine erste Autofährlinie vom Travemünder Skandinavienkai nach Finnland zu eröffnen. Angelaufen wurde dort zunächst Hanko, erst 1963 wechselte die Linie nach Helsinki. Jeweils in der Sommersaison gab es zudem Zwischenstopps, beispielsweise in den schwedischen Häfen von Visby, Slite, Kalmar, Nynäshamn oder Karlskrona.

Im Jahr 1965 setzte Finnlines aufgrund des gestiegenen Verkehrsaufkommens mit der gecharterten NILI, die als HELSINKI EXPRESS vermarktet wurde, ein zweites Fährschiff zwischen Travemünde und Helsinki ein, bevor ab 1966 zwei moderne Neubauten die beiden älteren Schiffe ablösten. Im März bzw. Juli 1966 kamen für Finnlines die Schwesterschiffe FINNHANSA (I) und FINNPARTNER (I) in Fahrt. Sie verkehrten allerdings nicht vom Travemünder Skandinavienkai aus, sondern vom Vorwerker Hafen (Nordlandkai) in Lübeck nach Helsinki. Grund dafür war der wachsende Lkw-Verkehr, den man von dort besser bewältigen konnte. Die FINNPARTNER (I) wurde jedoch schon 1969 aufgrund eines lukrativen Angebots an eine andere Reederei veräußert, sodass Finnlines einige Jahre lang nur über eine einzige Autofähre zwischen Lübeck und Helsinki verfügte.

Die HANSA EXPRESS war die erste Autofähre zwischen Travemünde und Helsinki. Foto: Slg. Matthias Böckenhauer

Mit der FINLANDIA setzte der Konkurrent Finska Ångfartygs Aktiebolaget (FÅA) bereits ab Mai 1967 ebenfalls eine Autofähre nach Helsinki ein. Die Reederei nutzte den Travemünder Skandinavienkai zum Anlegen. Als Zwischenstopp wählte man das dänische Kopenhagen.

Ab 1973 kamen für Finnlines und FÅA insgesamt vier Fährschiffe (FINNHANSA [I], FINLANDIA, FINNPARTNER [II] und ILMATAR) zwischen Travemünde und Helsinki zum Einsatz. Bereits im Jahr zuvor hatte die Reederei Finnlines aufgrund der langen Revierfahrt die Trave hinauf vom Nordlandkai zurück an den Travemünder Skandinavienkai gewechselt.

Die ILMATAR im Sommer 1973 am Travemünder Skandinavienkai, Fahrzeuge mussten durch eine Seitenpforte geladen werden. Ilmatar ist in der finnischen Mythologie ein jungfräulicher weiblicher Geist der Lüfte, der die Welt erschuf. Foto: Archiv Lübecker Hafen-Gesellschaft

Im Jahr 1976 wurde die Anzahl der Finnland-Fähren reduziert, fortan verkehrten nur noch zwei Autofährschiffe zwischen Travemünde und Helsinki: die FINNHANSA (I) und die FINLANDIA, die nach einer Übernahme nun beide für Finnlines im Einsatz waren. Die FÅA, die jetzt als EFFOA firmierte, der phonetischen Schreibweise der Abkürzung FÅA, zog sich damit aus dem kombinierten Auto- und Passagierfährverkehr zwischen Travemünde und Helsinki zurück.

Im Mai 1977 änderte Finnlines das Konzept auf der Verbindung zwischen Travemünde und Helsinki schließlich grundlegend. Mit dem Einsatz der neuen und deutlich schnelleren FINNJET (S. 92) wurden die beiden bisher eingesetzten Fähren ersetzt und die Zwischenstopps gänzlich eingestellt. Doch schon 1986 war es nun die Reederei Finnlines, die sich aus dem kombinierten Auto- und Passagierfährverkehr zwischen Travemünde und Helsinki zurückzog und die FINNJET an die EFFOA übergab. Die EFFOA wiederum übertrug die Vermarktung des Schiffes 1987 an die Reederei Silja Line. An dieser war die EFFOA zum damaligen Zeitpunkt mit 50 Prozent beteiligt. Bis 1998 verkehrte die FINNJET noch von Travemünde aus nach Helsinki, im letzten Jahr jedoch nur in der Sommersaison, bevor sie ab 1999 aus Wettbewerbsgründen von Rostock aus zum Einsatz kam.

Die FINNJET am Travemünder Skandinavienkai (1977) Foto: Archiv Lübecker Hafen-Gesellschaft

Finncarriers-Poseidon

Bereits 1969 eröffnete Finnlines einen zusätzlichen Frachtfährverkehr zwischen Lübeck und Finnland. Dieser wurde 1976 von der neuen Reederei Finncarriers weiterbetrieben und bekam mit der Reederei Poseidon im Jahr 1977 einen Kooperationspartner. Finncarriers wurde 1989 von Finnlines übernommen, Poseidon 1998. Neben reinen Frachtfähren kamen auf diesem Liniendienst auch RoPax-Fähren mit geringer Passagierkapazität (zwischen 24 und 84 Passagiere) zum Einsatz, die aber außer Lkw-Fahrern keine Passagiere beförderten. Mit den vier Kombifähren der Hansa-Klasse änderte sich dies ab 1994, und es fanden erstmals Auto- und Passagierbeförderung auf diesem Dienst statt.

Das Hansa-Klasse-Schiff TRANSEUROPA passiert Mitte der 1990er-Jahre die Lübecker Herrenbrücke auf dem Weg von der Ostsee die Trave hinauf zum Nordlandkai. Foto: Tim Becker

Die FINNCLIPPER ist eines von vier Schiffen der sogenannten Seapacer-Klasse. Diese wurden von Stena RoRo bestellt und als FINNCLIPPER, FINNEAGLE, STENA BRITANNICA und STENA HOLLANDICA zwischen 1999 und 2001 in Dienst gestellt.
Foto: Tim Becker

Die Reederei Finnlines stieg Mitte der 1990er-Jahre wieder in den kombinierten Auto- und Passagierfährverkehr zwischen Deutschland und Finnland ein. Dafür setzte sie ab 1994 gemeinsam mit der deutschen Reederei Poseidon, die 1998 durch Finnlines übernommen wurde, vier neue RoPax-Fähren der sogenannten Hansa-Klasse zwischen dem Lübecker Nordlandkai und Helsinki ein. Aufgrund der langen und kostenintensiven Fahrt die Trave hinauf wechselten diese im Oktober 2001 an den Skandinavienkai. Zudem setzte Finnlines bereits ab Ende 1997 weitere RoPax-Fähren zwischen dem Travemünder Skandinavienkai und Helsinki ein: FINNARROW (1997 – 1998), FINNCLIPPER (1999 – 2003) und FINNFELLOW (2003 – 2004). Dadurch konnten von Travemünde aus, trotz Fortgang der FINNJET nach der Saison 1998, weiterhin Fahrten nach Helsinki angeboten werden.

Ab 2006/07 übernahmen schließlich die drei modernen Neubauten FINNSTAR, FINNMAID und FINNLADY der sogenannten Star-Klasse den Fährverkehr für Finnlines zwischen Travemünde und Helsinki. Bis 2009 wurden sie noch durch zwei Einheiten der Hansa-Klasse unterstützt, bevor die Reederei Finnlines im selben Jahr

Die FINNMAID gehört zur sogenannten Star-Klasse. Zusammen mit der FINNSTAR und der FINNLADY verbindet sie Travemünde mit Helsinki.
Foto: Dieter Streich

die Schiffe und Routen neu ordnete. So kamen von 2009 bis 2012 alle fünf Schwesterschiffe der Star-Klasse (Finnstar, Finnmaid, Finnlady, Europalink und Nordlink) auf der Helsinki-Route zum Einsatz. Grund dafür war die Erweiterung der Linie um die Häfen von Rostock und Gdynia (Polen). Aufgrund unzureichender Auslastung im Passagierbereich zog Finnlines die großen Star-Klasse-Schiffe im Herbst 2012 aus Rostock und Gdynia ab. Zwischen Travemünde und Helsinki verblieben die drei Stammfähren Finnstar, Finnmaid und Finnlady, die dort bis heute im Einsatz sind.

Angesichts hoher Auslastung auf der auch „HansaLink" genannten Verbindung bestellte die Reederei Finnlines im Frühjahr 2025 drei Neubauten in China. Diese sollen voraussichtlich ab 2028 die derzeit eingesetzten Fährschiffe auf der Linie Travemünde – Helsinki ersetzen. ■

Stammfähren zwischen Lübeck/Travemünde und Helsinki (Hanko)

Name	Baujahr	Länge	Breite	Tiefgang	Tonnage	Lade-kapazität	Passagiere	Einsatzzeit auf der Linie
Hansa Express	1962	88,2 m	15,9 m	4,4 m	2.268 BRT	100 Pkw	419	1962 – 1966
Nili (vermarktet als Helsinki Express)	1965	137,1 m	18,9 m	5,2 m	7.851 BRT	120 Pkw	544	1965
Finnhansa (I)	1966	134,4 m	20,1 m	5,7 m	7.481 BRT	308 Pkw	1.424	1966 – 1977
Finnpartner (I)	1966	134,4 m	19,9 m	5,2 m	7.458 BRT	241 Pkw	1.400	1966 – 1969
Finlandia	1967	153,0 m	20,0 m	5,6 m	8.583 BRT	321 Pkw	1.000	1967 – 1977
Finnpartner (II)	1966 als Saga	141,2 m	21,0 m	5,2 m	7.889 BRT	100 Pkw	1.400	1973 – 1975
Ilmatar	1964	128,3 m	16,4 m	4,5 m	6.659 BRT	50 Pkw	470	1973 – 1975
Finnjet	1977	212,8 m	25,4 m	6,9 m	24.605 BRT	350 Pkw	1.532	1977 – 1998
Finnhansa (II)	1994	183,0 m	29,9 m	7,4 m	32.534 BRZ	3.380 Lademeter	114	1994 – 2009
Finnpartner (III)	1995	183,0 m	29,9 m	7,4 m	32.534 BRZ	3.380 Lademeter	114	1995 – 2007
Transeuropa	1995	183,0 m	28,7 m	7,4 m	32.534 BRZ	3.200 Lademeter	90	1995 – 2009
Finntrader	1995	183,0 m	28,7 m	7,4 m	32.534 BRZ	3.200 Lademeter	114	1995 – 2006
Finnarrow	1996 als Gotland	168,2 m	28,3 m	6,6 m	25.996 BRZ	2.400 Lademeter	200	1997 – 1998
Finnclipper	1999	188,3 m	28,7 m	6,0 m	29.841 BRZ	2.459 Lademeter	400	1999 – 2003
Finnfellow	2000 als Stena Britannica	188,3 m	28,7 m	6,0 m	33.769 BRZ	2.918 Lademeter	400	2003 – 2004
Finnstar	2006	218,8 m	30,5 m	7,1 m	45.923 BRZ	4.200 Lademeter	500	seit 2006
Finnmaid	2006	218,8 m	30,5 m	7,1 m	45.923 BRZ	4.200 Lademeter	500	seit 2006
Finnlady	2007	218,8 m	30,5 m	7,1 m	45.923 BRZ	4.200 Lademeter	500	seit 2007
Europalink	2007	218,8 m	30,5 m	7,1 m	45.923 BRZ	4.200 Lademeter	500	2009 – 2012
Nordlink	2007	218,8 m	30,5 m	7,1 m	45.923 BRZ	4.200 Lademeter	500	2009 – 2012

1963: Der Weg zur Vogelfluglinie und zu deren Eröffnung

Der deutsche Bundespräsident Heinrich Lübke und der dänische König Frederik IX. am 14. Mai 1963 an Bord der KONG FREDERIK IX auf Eröffnungsfahrt von Rødby nach Puttgarden Foto: Sammlung Järnvägsmuseet/Seved Walther

Bereits ab Mitte des 19. Jahrhunderts gab es Bestrebungen, eine Fährverbindung mit Fahrzeugtransport zwischen der deutschen Insel Fehmarn und der dänischen Insel Lolland über den Fehmarnbelt zu errichten. In der ersten Hälfte des 20. Jahrhunderts, genauer im Jahr 1941, begannen auf deutscher und dänischer Seite schließlich erste Bauarbeiten, die jedoch kriegsbedingt kurz darauf eingestellt wurden. Mit der neuen Verbindung über die Insel Fehmarn sollte vor allem der Eisenbahnverkehr von Nord- nach Westeuropa und auch zur Iberischen sowie zur Italienischen Halbinsel beschleunigt werden. Da sich diese kürzeste Strecke zwischen den beiden Metropolen von Hamburg und Kopenhagen an der Flugroute der Zugvögel orientiert, gab man ihr den Namen „Vogelfluglinie".

Mit der Teilung Deutschlands nach dem Zweiten Weltkrieg und dem damit verbundenen Verlust der nun in der DDR liegenden Eisenbahn-Fährverbindungen Warnemünde – Gedser und Sassnitz – Trelleborg wollte man das Verkehrsprojekt „Vogelfluglinie" mehr denn je realisieren. Zudem war die einzig verbliebene Eisenbahnverbindung von Westeuropa nach Däne-

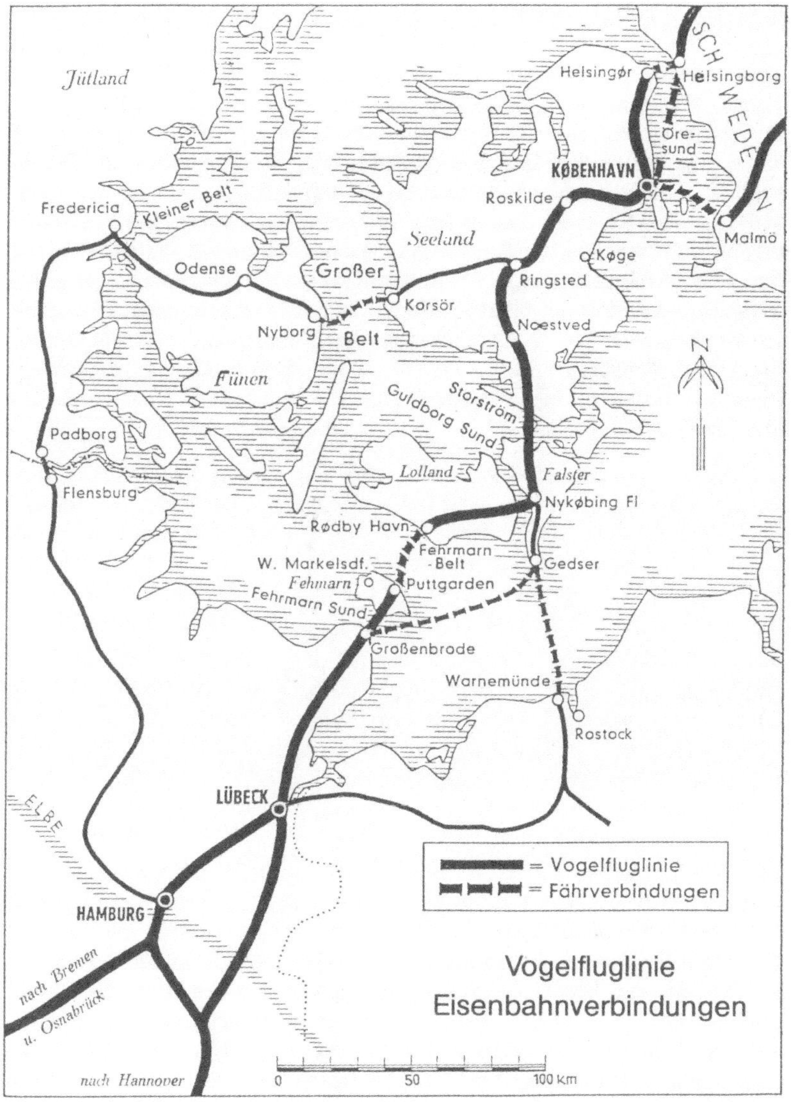

Die verschiedenen Eisenbahnverbindungen zwischen Hamburg und Kopenhagen
Grafik: Sammlung Brandt

mark und Schweden über Flensburg und den Großen Belt (Jütlandroute) schon zu diesem Zeitpunkt stark überlastet.

Aufgrund finanzieller Probleme seitens der noch jungen Bundesrepublik Deutschland musste vorerst jedoch eine kostengünstige Zwischenlösung gefunden werden. Daher eröffnete man im Jahr 1951 eine neue, provisorische Auto- und Eisenbahnfährlinie vom westdeutschen Großenbrode, einige Kilometer südlich der Insel Fehmarn gelegen, nach Gedser auf der dänischen Insel Falster.

Diese beiden Endpunkte wurden gewählt, weil in Gedser bereits ein Fährhafen vorhanden war und in Großenbrode innerhalb kürzester Zeit eine Fähr-

Die THEODOR HEUSS im Jahr 1959 in Großenbrode. Sie war das erste Fährschiff auf der Linie mit einem separaten Autodeck über dem Eisenbahndeck. Foto: Bildarchiv der Eisenbahnstiftung/Walter Hollnagel

Auf der Eröffnungsfahrt am 14. Mai 1963 der Fährlinie Puttgarden – Rødby besichtigen Bundespräsident Heinrich Lübke und der dänische König Frederik IX. die Kommandobrücke der KONG FREDERIK IX.
Foto: Sammlung Järnvägsmuseet/Seved Walther

anlage errichtet werden konnte, ohne zuvor den Fehmarnsund zwischen dem Festland und der Insel Fehmarn mit einer neu zu bauenden festen Verbindung queren zu müssen. Allerdings war die Fährlinie Großenbrode – Gedser wegen des 69 Kilometer langen Seeweges und der damit verbundenen knapp dreistündigen Fahrtzeit auf Dauer nicht wirtschaftlich zu betreiben, sodass am 13. Juni 1958 zwischen dem Bundesminister für Verkehr der Bundesrepublik Deutschland und dem dänischen Minister für öffentliche Arbeiten ein Abkommen zum Ausbau der Vogelfluglinie über die Insel Fehmarn unterzeichnet wurde.

Die wichtigsten zu errichtenden Bauwerke waren dabei die Brücke über den Fehmarnsund – welche die 1903 eröffnete und für die Zwecke der neuen Verkehrsverbindung völlig unterdimensionierte Eisenbahnfährlinie der Inselbahn ersetzen sollte –, die Brücke über den Guldborgsund sowie die beiden neuen Fährhäfen und Fährbahnhöfe in Puttgarden

Der dänische König Frederik IX. und Bundespräsident Heinrich Lübke in Puttgarden auf dem Weg vom Fährschiff zum Sonderzug Foto: Sammlung Järnvägsmuseet/ Seved Walther

und Rødby. Die neue Fährstrecke über den Fehmarnbelt nach Dänemark war mit 19 Kilometern und rund einer Stunde Überfahrtszeit deutlich kürzer als die zwischen Großenbrode und Gedser.

Am 14. Mai 1963 wurde die Auto- und Eisenbahnfährlinie Puttgarden – Rødby offiziell eröffnet. Zu diesem Ereignis reiste an jenem Morgen auch der deutsche Bundespräsident Heinrich Lübke zum neuen Fährhafen Puttgarden an. Gemeinsam mit vielen Ehrengästen bestieg er das Fährschiff THEODOR HEUSS, das um 10.10 Uhr in Puttgarden mit Ziel Rødby ablegte. Auf dänischer Seite wurde der Bundespräsident vom dänischen König Frederik IX. in Empfang genommen. Anschließend fuhren beide Staatsoberhäupter gemeinsam auf dem dänischen Fährschiff KONG FREDERIK IX über den Fehmarnbelt zurück ins deutsche Puttgarden. Im dort bereitstehenden Sonderzug genoss das Festtagskomitee anschließend eine Fahrt im Aussichtswagen des „Rheingold". Der Zug fuhr über die neue Bahnstrecke von Puttgarden nach Großenbrode mit Überquerung der neu gebauten Fehmarnsundbrücke und machte anschließend einen Abstecher zum alten Fährbahnhof Großenbrode Kai. Noch am selben Tag wurde die provisorische Fährverbindung von Großenbrode nach Gedser geschlossen. Die bis dahin dort eingesetzten Fährschiffe DEUTSCHLAND (II), KONG FREDERIK IX und THEODOR HEUSS wechselten auf die neue Fährlinie von Puttgarden nach Rødby. ■

Stammfähren zwischen Großenbrode und Gedser

Name	Baujahr	Länge	Breite	Tiefgang	Tonnage	Ladekapazität	Passagiere	Einsatzzeit auf der Linie
DANMARK (I)	1922	101,6 m	18,8 m	4,5 m	2.727 BRT	157,0 m nutzbare Gleislänge / 70 Pkw	1.098	1951 – 1963
DEUTSCHLAND (II)	1953	114,6 m	17,7 m	4,6 m	3.862 BRT	256,0 m nutzbare Gleislänge / 110 Pkw	1.200	1953 – 1963
KONG FREDERIK IX	1954	114,3 m	17,7 m	4,5 m	4.084 BRT	258,0 m nutzbare Gleislänge / 115 Pkw	1.200	1954 – 1963
THEODOR HEUSS	1957	135,9 m	17,7 m	4,8 m	5.583 BRT	317,5 m nutzbare Gleislänge / 220 Pkw	1.500	1957 – 1963

1963 bis 2022: Fährbahnhof Puttgarden

Blick vom Fährschiff Deutschland (II) auf den Fährbahnhof Puttgarden im Jahr 1963. Die ersten vier Wagen des Paris-Skandinavien-Express werden von Zuglok V 200 115 wegrangiert. Die übrigen Wagen am Bahnsteig werden im Anschluss von einer Rangierlok auf die Fähre geschoben. Foto: Bildarchiv der Eisenbahnstiftung/Reinhold Palm

Für das Trajektieren von Eisenbahnwaggons zwischen Puttgarden und Rødby wurde auf beiden Seiten des Fehmarnbelts jeweils ein großzügiger Fährhafen mit Fährbahnhof errichtet. Die Bauarbeiten auf deutscher Seite begannen Mitte 1959 und dauerten bis Mai 1963. Die Kosten für den neuen Fährbahnhof Puttgarden beliefen sich auf rund 38,9 Millionen DM. Hinzu kamen noch einmal circa 38,5 Millionen DM für den angeschlossenen Fährhafen. Der Fährbahnhof auf deutscher Seite erstreckte sich auf einer Fläche von mehr als 50 Hektar und maß in seiner Länge rund 1,5 Kilometer. Verbaut wurden insgesamt 22 Kilometer Gleise und 145 Weicheneinheiten sowie eine Vielzahl an Signalen. Für die gesamten Planungen des neuen Bahnhofs waren als Bemessungsgrundlage die verkehrsstarken Sommermonate Juli und August herangezogen worden.

Im Gegensatz zum dänischen Fährbahnhof Rødby Færge hatte der Fährbahnhof Puttgarden bis 1997 vielfältigere betriebliche Aufgaben zu erfüllen. Im Nord-Süd-Verkehr verteilten sich die Züge von Puttgarden aus auf die drei Hauptrichtungen Niederlande/Großbritannien, Köln/Belgien/Frankreich und Schweiz/Italien/Österreich/Jugoslawien über Hannover. Außerdem begannen und endeten in Puttgarden diverse Reisezugwagen, darunter Speise- und Schlafwagen.

Der Fährbahnhof erhielt für den Fahrgastwechsel drei Bahnsteige mit sechs Bahnsteiggleisen, von denen je drei Gleise an eines der beiden Hauptfährbetten angeschlossen waren. Die Gleise waren untereinander und mit den Fährbetten so verbunden, dass ein einzelnes Fährschiff Eisenbahnwagen für bis zu zwei Züge bringen und im Anschluss wiederum Wagen von zwei Zügen laden konnte. Hierbei betrug die Gesamtliegezeit des Fährschiffes nur 40 Minuten.

Im südlichen Bereich des Fährbahnhofs befand sich zwischen den beiden Ein- und Ausfahrgleisen eine Gleisgruppe, in der Wagen abgestellt, vorgeheizt, mit Wasser versorgt und in einer Reinigungsanlage gesäubert wurden. In einer angrenzenden Halle konnten Dieselloks und Wagen untersucht und gewartet werden. Daneben befanden sich ein fünfgeschossiger Bau mit Büro-, Werkstatt- und Lagerräumen des Bahnbetriebswerkes sowie eine Tankanlage für Dieselloks. Im östlichen Bereich des Fährbahnhofs lagen

Rangierlok 260 280-3 in Puttgarden im Sommer 1985. Im Anschluss werden die Wagen des Holland-Skandinavien-Express an Bord des Fährschiffes DANMARK (II) geschoben. Foto: Bildarchiv der Eisenbahnstiftung/Peter Schiffer

Lok 221 133-2 zieht in Puttgarden Personenwagen von Bord der DANMARK (II) (1972).
Foto: Bildarchiv der Eisenbahnstiftung/Günter Hauthal

Von 1993 bis 2019 verkehrten dänische Triebwagen der DSB-Baureihe MF, auch Gumminasen genannt, zwischen Hamburg und Kopenhagen. Hier: ein dreiteiliger Zug dieser Baureihe, er steht als Eurocity nach Hamburg Hbf am Bahnsteig in Puttgarden (Winter 1994). Foto: Christian Gauger

die Gleise für den Güterverkehr. Zudem standen zum Aufsetzen auf die Fährschiffe vor den beiden Hauptfährbetten jeweils drei Güterwagengleise zur Verfügung.

An die Gleisanlagen des Fährbahnhofs schlossen sich im Norden zwei Betriebsfährbetten, die im Schutz eines Fangedamms im Trockenen errichtet wurden, und ein Reservefährbett an. Zur Verladung der Eisenbahnwagen auf die Fährschiffe installierte man an den Fährbetten jeweils eine zweiteilige Fährklappbrücke von 2 x 25 Meter Länge. Vor dieser war im Bahnhofsbereich eine Dreiwegeweiche verbaut. Hierüber konnten die drei Gleise an Bord der Eisenbahnfährschiffe bedient werden. Zur Verladung von Pkw auf dem oberen Fahrzeugdeck der Fähren besaßen die beiden Betriebsfährbetten zudem jeweils eine seitliche Pkw-Auffahrtsrampe. Fußgänger erreichten die Fährschiffe über eine überdachte Passagierbrücke.

Um das An- und Ablegen der Schiffe bei stürmischer See zu erleichtern, erhielt der Fährhafen eine 630 Meter lange West- und eine 820 Meter lange Ostmole. Zwischen beiden Molenköpfen wurde eine 85 Meter breite Hafeneinfahrt freigelassen.

Erwähnenswert ist, dass die Fährschiffe in Puttgarden bis 1997 mit dem Heck und in Rødby mit dem Bug anlegten. Auf der Fahrt nach Süden mussten die Fähren folglich zwei Wendemanöver durchführen.

Rückgang des Schienenverkehrs

Mit Eröffnung der festen Verbindung über den Großen Belt im Juni 1997 verlegte man den Schienengüterverkehr von der Vogelfluglinie auf die Jütlandroute via Flensburg. Im Fährbahnhof Puttgarden wurde künftig nur noch ein Bahnsteig für den internationalen Reisezugverkehr zwischen Hamburg und Kopenhagen sowie für Regionalzüge von und nach Lübeck bzw. Hamburg genutzt. Für die übrigen Gleisanlagen fand sich kaum noch Verwendung, sodass die Natur diese Bereiche allmählich zurückeroberte.

Aufgrund von umfangreichen Bauarbeiten am dänischen Schienennetz für den Zulauf zum künftigen Fehmarnbelt-Tunnel verkehren auch die internationalen Reisezüge zwischen Hamburg und Kopenhagen seit Dezember 2019 über die Jütlandroute via Flensburg und den Großen Belt. Schließlich stellte die Deutsche Bahn am 31. August 2022 noch den Regionalverkehr nach Puttgarden ein, um auf deutscher Seite ebenfalls die Schieneninfrastruktur für die Anbindung der Festen Fehmarnbelt-Querung auszubauen. Damit endete der Eisenbahnbetrieb in Puttgarden nach fast 60 Jahren. ■

Ein ICE von Kopenhagen nach Hamburg in Puttgarden am einzigen noch genutzten Bahnsteig (Juli 2015). Die übrigen Gleisanlagen wachsen allmählich zu. Foto: Lars-Kristian Brandt

Seit 1963: Auto- und Eisenbahnfährlinie Puttgarden – Rødby (Vogelfluglinie)

Die beiden Fährschiffe DEUTSCHLAND (II) und KONG FREDERIK IX (Puttgarden, 1963)
Foto: Bildarchiv der Eisenbahnstiftung/Reinhold Palm

Der Fährverkehr auf dem Fehmarnbelt zwischen Puttgarden und Rødby begann am 14. Mai 1963 mit den Eisenbahn- und Autofährschiffen DEUTSCHLAND (II), KONG FREDERIK IX und THEODOR HEUSS, die von der Fährlinie Großenbrode – Gedser auf die neue Vogelfluglinie gewechselt hatten. Sie beförderten mit Beginn des Sommerfahrplans der Deutschen Bundesbahn ab dem 26. Mai 1963 sämtliche internationalen Reisezüge zwischen Hamburg und Kopenhagen. Im Güterverkehr wurden anfangs nur wenige Güterwagen trajektiert, die übrigen befuhren vorerst die Strecke via Flensburg und den Großen Belt. Erst im Laufe des Jahres 1964 wurden dann alle Güterzüge der Relation Hamburg – Kopenhagen auf die Vogelfluglinie verlegt.

Da die drei Stammfähren bereits kurz nach Eröffnung der Vogelfluglinie den Verkehr nicht mehr bewältigen konnten, setzte die dänische Seite im Jahr 1964 das Eisenbahn- und Autofährschiff KNUDSHOVED vom Großen Belt zur Verstärkung ein. In den folgenden

Die Knudshoved wurde 1961 für den Fährverkehr über den Großen Belt gebaut und kam von 1964 bis 1997 zeitweise auf der Vogelfluglinie zum Einsatz. Foto: Dieter Streich

Die Danmark (II) war 1968 der erste Neubau speziell für die Vogelfluglinie. Foto: Dieter Streich

Die DEUTSCHLAND (III), der erste speziell für die Vogelfluglinie entwickelte Neubau von deutscher Seite Foto: Dieter Streich

Jahren kam sie, wie auch ab 1965 die Dronning Ingrid, häufiger zwischen Puttgarden und Rødby zum Einsatz. Auch die Kong Frederik IX wurde ab 1968 meist nur noch zur Verstärkung oder für Werftvertretungen auf dem Fehmarnbelt eingesetzt und verkehrte künftig auch auf anderen Fährlinien.

Aufgrund weiter steigender Verkehrszahlen stellte die Danske Statsbaner (DSB), die gemeinsam mit der Deutschen Bundesbahn (DB) die Fährlinie betrieb, im Juni 1968 ihr neues Flaggschiff, die Eisenbahn- und Autofähre Danmark (II), auf der Vogelfluglinie in Dienst. Diese besaß, wie schon die Theodor Heuss von 1957 und die Knudshoved von 1961, ein separates Autodeck über dem Eisenbahndeck. Hiermit waren danach alle neu gebauten Fähren auf der Vogelfluglinie ausgestattet.

Im Jahr 1972 war es schließlich die Deutsche Bundesbahn, die einen größeren Neubau auf dem Fehmarnbelt einsetzte und damit die alte Deutschland (II) von 1953 ersetzte. Der Eisenbahn- und Autofährschiffneubau erhielt ebenfalls den Namen Deutschland (III) und galt als das neue Flaggschiff der DB.

Lok 218 430-7 zieht den Hansa-Express von Bord der Prins Henrik ab (September 1985). Foto: Bildarchiv der Eisenbahnstiftung/Peter Schiffer

Da die Verkehre über den Fehmarnbelt auch in den 1970er- und 1980er-Jahren weiter zunahmen, setzte die DSB ab 1981 bzw. 1982 zusätzlich die beiden Eisenbahn- und Autofähren PRINS HENRIK (Baujahr 1974) und DRONNING MARGRETHE II (Baujahr 1973) zwischen Puttgarden und Rødby ein. Sie verkehrten zuvor als Eisenbahnfähren auf dem Großen Belt und wurden vor ihrem Einsatz auf der Vogelfluglinie aufgrund des zunehmenden Autoverkehrs umgebaut. Dabei erhielten sie jeweils ein separates Autodeck und wurden verlängert.

Da die THEODOR HEUSS in den 1980er-Jahren mittlerweile aufgrund ihrer geringeren Fahrzeugkapazität zur Schwachstelle der Vogelfluglinie geworden war, musste auch sie ersetzt werden. Dafür stellte die DB im Juni 1986 ihr neues Flaggschiff, die Eisenbahn- und Autofähre KARL CARSTENS, in Dienst. Die THEODOR HEUSS sollte daraufhin eigentlich verkauft werden. Aufgrund des gestiegenen Güterverkehrs entschied man sich jedoch dazu, sie als Güter- und Gefahrgutfähre zu behalten und zusätzlich auf dem Fehmarnbelt einzusetzen.

Den immer stärker zunehmenden Autoverkehr bewältigte ab 1988 ein zusätzliches reines Autofährschiff, die LODBROG. Für dieses wurde in Puttgarden eigens ein neues Fährbett, das mittlerweile vierte, errichtet. In Rødby passte man das 1985 gebaute dritte Fährbett für die neue Fähre an. Bereits im Jahr 1987 kam das Eisenbahn- und Autofährschiff PRINSESSE BENEDIKTE (I) dreimal kurzzeitig für Werftvertretungen auf der Vogelfluglinie zum Einsatz. Obwohl das 1959 gebaute Fährschiff im November 1986 extra in Fredericia für ein Anlegen in Puttgarden baulich angepasst worden war, wurde sie in den Folgejahren nicht mehr auf dem Fehmarnbelt eingesetzt.

Das neue Flaggschiff der DB, die KARL CARSTENS, wurde 1986 auf dem Hamburger Hafengeburtstag der Öffentlichkeit vorgestellt.
Foto: Dieter Streich

Mit geöffneter Bugklappe verlässt die Theodor Heuss in Rückwärtsfahrt Rødby. Außerhalb der Molen wird das Fährschiff im Anschluss drehen und mit geschlossener Klappe in Richtung Puttgarden fahren. Foto: Dieter Streich

Die Autofähre Lodbrog konnte nur Straßenfahrzeuge befördern. Im Hintergrund die Dronning Margrethe II Foto: Dieter Streich

Die beiden deutschen Fähren DEUTSCHLAND (III) und KARL CARSTENS erhielten in den 1990er-Jahren für den neuen Markenauftritt den DFO-Anstrich. Foto: Dieter Streich

Mit dem Wegfall des Schienengüterverkehrs, der seit Juni 1997 via Flensburg und die neu eröffnete feste Verbindung über den Großen Belt geleitet wird, sowie aufgrund des stetig zunehmenden Autoverkehrs waren die alten Eisenbahn- und Autofähren nicht mehr zeitgemäß. So beschlossen die beiden staatlichen Fährbetreiber DSB Rederi und Deutsche Fährgesellschaft Ostsee (DFO), die 1993 durch die Zusammenlegung der Fährgeschäfte von Deutscher Reichsbahn und Deutscher Bundesbahn entstanden war, in den 1990er-Jahren den Einsatz einer neuen Generation von Fährschiffen. Diese sogenannten Doppelendfähren lösten im Jahr 1997 die alten Fähren auf dem Fehmarnbelt ab.

Doppelendfähren

Die vier neuen nahezu baugleichen Doppelendfähren können in beide Richtungen fahren und müssen nicht mehr wenden. Dies spart Zeit bei der Überfahrt, und auf diese Weise konnte mit den neuen Schiffen ab 1997 zwischen Puttgarden und Rødby die Fahrtzeit von rund einer Stunde auf 45 Minuten reduziert werden. Im Gegensatz zu den alten Fährschiffen verfügen die neuen Doppelendfähren nur noch über ein Gleis auf dem Eisenbahndeck statt den ursprünglich drei Gleisen. Grund hierfür war, dass durch den Wegfall des Schienengüterverkehrs und Teile des internationalen Reisezugverkehrs auf der Vogelfluglinie künftig nur noch die Trajektierung des Eurocitys zwischen Hamburg und Kopenhagen vorgesehen war.

Für die Be- und Entladung der beiden Fahrzeugdecks der neuen Doppelendfähren wurden die Fährhäfen in Puttgarden und Rødby ab Mitte der 1990er-Jahre großzügig umgebaut. Jeweils zwei Fährbetten erhielten für die Verladung von Fahrzeugen neue Doppelstockrampen und wurden mit einer neuen Gangway für Passagiere ausgestattet.

Am 6. Juni 1997 wurde als erste neue Doppelendfähre die PRINS RICHARD der dänischen Reederei Scandlines A/S (vormals DSB Rederi) auf dem Fehmarnbelt in Dienst gestellt. Am 1. August 1997 folgten die SCHLESWIG-HOLSTEIN (DFO), am 11. Oktober 1997 die Deutschland (IV) (DFO) und schließlich am 1. November 1997 die PRINSESSE BENEDIKTE (Scandlines A/S). Die alten Fährschiffe verließen bis zum Jahresende größtenteils die Vogelfluglinie und wurden verkauft oder verschrottet.

Die SCHLESWIG-HOLSTEIN, die erste deutsche Doppelendfähre auf dem Fehmarnbelt. Hier läuft der Neubau im Dezember 1997 in Puttgarden ein. Foto: Heino Sehlmann

In den Jahren 2013 und 2014 wurden die vier Doppelendfähren auf Hybridantrieb umgerüstet. Sie sind bis heute für die Reederei Scandlines AG (die 1998 durch die Fusion der deutschen DFO und der dänischen Scandlines A/S entstand) unermüdlich auf der Fährverbindung zwischen Puttgarden und Rødby im

Die Doppelendfähre PRINSESSE BENEDIKTE (II) im April 2012 auf dem Fehmarnbelt Foto: Lars-Kristian Brandt

Neben den dänischen Triebwagen DSB MF, auch Gumminasen genannt, fuhren von 2007 bis 2017 Züge der Baureihe 605 als Intercity-Express (ICE) zwischen Kopenhagen und Hamburg über die Vogelfluglinie. Einige verkehrten sogar bis nach Berlin. Foto: Lars-Kristian Brandt

Einsatz. Jedoch befördern sie seit Dezember 2019 keine Eisenbahnfahrzeuge mehr, da diese während der Bauzeit des Fehmarnbelt-Tunnels (S. 154) über die Festlandroute via Flensburg und den Großen Belt umgeleitet werden.

Nach Außerdienststellung der Güter- und Gefahrgutfähre Theodor Heuss im Jahr 1997 gab es zudem neben den Doppelendfähren weiterhin Zusatzfähren, die die Aufgaben der Theodor Heuss übernahmen. Von 1998 bis 1999 kam die Dronning Margrethe II nochmals für diesen Zweck zurück auf die Vogelfluglinie. Anschließend übernahm die Holger Danske bis 2020 den Dienst als Gefahrgutfähre. Bereits ab 2017 war außerdem die ausschließlich für den Lkw-Verkehr eingesetzte Kronprins Frederik an ausgewählten Tagen zwischen Puttgarden und Rødby im Einsatz. Im März 2026 ersetzte Scandlines sie schließlich durch die neue Elektro-Fahrzeugfähre The Baltic Whale. ■

Die Holger Danske wurde 1976 als Eisenbahnfähre für die Verbindung Helsingør – Helsingborg gebaut. Sie kam von 1999 bis 2020 ausschließlich für Straßenfahrzeuge mit Gefahrgütern auf der Vogelfluglinie zum Einsatz. Foto: Marko Stampehl

Stammfähren der Vogelfluglinie zwischen Puttgarden und Rødby (inklusive Ersatz- und Verstärkerfähre)

Name	Baujahr	Länge	Breite	Tiefgang	Tonnage	Ladekapazität	Passagiere	Einsatzzeit auf der Linie
Deutschland (II)	1953	114,6 m	17,7 m	4,6 m	3.862 BRT	256,0 m nutzbare Gleislänge / 110 Pkw	1.200	1963 – 1972
Kong Frederik IX	1954	114,3 m	17,7 m	4,5 m	4.084 BRT	258,0 m nutzbare Gleislänge / 115 Pkw	1.200	1963 – 1968, Ersatz- und Verstärkerfähre: 1968 – 1982 und 1984 – 1990 und 1994 und 1996
Theodor Heuss	1957	135,9 m	17,7 m	4,8 m	5.583 BRT	317,5 m nutzbare Gleislänge / 220 Pkw	1.500	1963 – 1986, Gefahrgut-fähre: 1986 – 1997
Knudshoved	1961	109,2 m	17,7 m	4,6 m	3.882 BRT	245,0 m nutzbare Gleislänge / 200 Pkw	1.200	Ersatz- und Verstärkerfähre: 1964 – 1971 und 1973 – 1982 und 1984 – 1986 und 1990 – 1993 und 1997
Dronning Ingrid (ab 1979 Sjælland)	1951	110,4 m	17,7 m	4,0 m	3.046 BRT	256,8 m nutzbare Gleislänge / 110 Pkw	1.500	Ersatz- und Verstärkerfähre: 1965 und 1969 und 1976 – 1980
Danmark (II)	1968	144,5 m	17,7 m	5,5 m	6.352 BRT	342,0 m nutzbare Gleislänge / 275 Pkw	1.500	1968 – 1997
Deutschland (III)	1972	144,1 m	17,7 m	5,9 m	6.119 BRT	345,5 m nutzbare Gleislänge / 358 Pkw	1.500	1972 – 1997
Prins Henrik	1974	144,7 m	17,7 m	5,0 m	6.211 BRT	344,0 m nutzbare Gleislänge / 260 Pkw	1.500	1981 – 1997
Dronning Margrethe II	1973	144,7 m	17,7 m	4,8 m	6.211 BRT	344,0 m nutzbare Gleislänge / 260 Pkw	1.500	1982 – 1997 Gefahrgutfähre: 1998 – 1999
Karl Carstens	1986	164,7 m	17,7 m	5,9 m	12.829 BRZ	405,5 m nutzbare Gleislänge / 333 Pkw	1.500	1986 – 1997
Prinsesse Benedikte (I)	1959	111,1 m	17,7 m	4,5 m	3.667 BRT	255,7 m nutzbare Gleislänge / 110 Pkw	1.500	Ersatzfähre: 1987
Lodbrog	1982	131,7 m	19,4 m	4,7 m	10.404 BRZ	290 Pkw	500	1988 – 1997
Prins Richard	1997	142,0 m	25,4 m	5,8 m	14.621 BRZ	117,7 m nutzbare Gleislänge / 294 Pkw	900	seit 1997
Schleswig-Holstein	1997	142,0 m	25,4 m	5,8 m	15.187 BRZ	117,7 m nutzbare Gleislänge / 296 Pkw	1.200	seit 1997
Deutschland (IV)	1997	142,0 m	25,4 m	5,8 m	15.187 BRZ	117,7 m nutzbare Gleislänge / 296 Pkw	1.200	seit 1997
Prinsesse Benedikte (II)	1997	142,0 m	25,4 m	5,8 m	14.621 BRZ	117,7 m nutzbare Gleislänge / 294 Pkw	900	seit 1997
Holger Danske (Frachtfähre)	1976	86,1 m	13,4 m	4,0 m	2.779 BRT	8 Lkw	12	Gefahrgutfähre: 1999 – 2020
Mercandia VIII	1987	95,8 m	15,0 m	3,6 m	4.296 BRZ	170 Pkw	303	Ersatzfähre: 2015
Kronprins Frederik	1981	152,2 m	23,7 m	5,3 m	16.071 BRZ	40 Lkw	119	2017 – 2026
The Baltic Whale	2025	147,4 m	25,4 m	5,8 m	14.098 BRZ	66 Lkw	140	seit 2026

Seit 1965: Auto- und Eisenbahnfährlinie Travemünde – Malmö

Die von der Reederei Svelast eingesetzte Malmö-Fähre GUSTAV VASA (I) in den 1960er-Jahren am Travemünder Skandinavienkai
Foto: Sammlung Matthias Böckenhauer

Die Reederei Svelast, eine Tochtergesellschaft von Statens Järnvägar (SJ), eröffnete im Jahr 1965 einen ersten Fährverkehr mit Fahrzeugtransport vom Travemünder Skandinavienkai nach Malmö in Südschweden. Er wurde jedoch 1982 von dem zu diesem Zeitpunkt zuständigen Betreiber TT-Saga-Line eingestellt. In diese Lücke sprang noch im Oktober 1982 die schwedische Rederi AB Nordö. Mit den Fährschiffen SVEALAND AV MALMÖ, der ehemaligen SVEALAND (II) von der Königslinie, und LUCKY RIDER, die 1984 durch die SCANDINAVIA ersetzt wurde, begann der kombinierte Auto- und Passagierfährverkehr der Reederei zwischen Travemünde und Malmö.

Ab dem Jahr 1987 setzte die mittlerweile in Nordö-Link umbenannte Reederei erstmals kombinierte Auto- und Eisenbahnfähren auf der Verbindung ein. Zum Einsatz kamen die für diesen Zweck umgebauten Fährschiffe SCANDINAVIA und SVEALAND AV MALMÖ, die nun die Namen SCANDINAVIA LINK und SVEA LINK trugen. Sie transportierten künftig vorrangig Güterwaggons und Lkw zwischen Travemünde und Malmö, bis sie im Jahr 1990 durch die beiden größeren kombinierten Auto- und Eisenbahnfähren LÜBECK LINK und MALMÖ LINK ersetzt wurden. Mit diesen fand bis 2007 weiterhin Eisenbahnbeförderung auf der Linie statt. Im Anschluss wurden sie von den beiden Autofähren

Die Autofähre SCANDINAVIA wurde 1986/87 zur kombinierten Auto- und Eisenbahnfähre SCANDINAVIA LINK umgebaut. Dabei wurde sie unter anderem um etwa 40 Meter verlängert und erhielt fünf Gleise auf dem Hauptdeck. Foto: Sammlung Matthias Böckenhauer

FINNPARTNER (III) und FINNTRADER abgelöst. Damit endete der Eisenbahnfährverkehr zwischen Travemünde und Malmö. Die meisten Güterzüge zwischen Deutschland und Schweden verkehrten bereits seit einigen Jahren vermehrt über die im Juli 2000 eröffnete feste Öresundquerung. Diese ermöglicht zusammen mit der festen Verbindung über den Großen Belt eine durchgängige Schienenverbindung von Deutschland nach Schweden. In der Folge nahmen die Güterwagentransporte auf der Linie Travemünde – Malmö rapide ab.

Die Auto- und Eisenbahnfähre MALMÖ LINK läuft in Travemünde ein. Das Hauptdeck konnte ausschließlich über den Bug be- und entladen werden. Foto: Dieter Streich

Bereits seit 1998 setzt man aufgrund gestiegener Beförderungszahlen bei Pkw und Lastwagen zusätzlich eine dritte Stammfähre auf der Verbindung nach Malmö ein. Ab 2004 war sogar zeitweise eine vierte Stammfähre auf der Linie unterwegs. Die dafür genutzten Autofährschiffe wechselten allerdings häufig und verkehrten oft nur kurzzeitig zwischen Travemünde und Malmö.

Im Jahr 2002 übernahm Finnlines die Reederei Nordö-Link und den bis heute bestehenden Fährverkehr auf der Verbindung nach Malmö. Je nach Bedarf passte Finnlines seitdem immer wieder den Fährschiffeinsatz zwischen Travemünde und Malmö an. ■

Malmö-Fähren auf Abwegen

Im Zeitraum von 2012 bis 2014 gab es eine Besonderheit: Die damals auf der Fährlinie Travemünde – Malmö eingesetzten Fährschiffe, mit Ausnahme der NORDLINK, verkehrten abwechselnd auch im TransRussiaExpress-Dienst der Reederei Finnlines von Lübeck nach St. Petersburg. Dieser anfangs ausschließlich mit reinen Frachtfähren durchgeführte Dienst wurde im Jahr 1997 zwischen Kiel, Sassnitz und St. Petersburg eröffnet und im Januar 2003 von Kiel nach Lübeck verlegt. Von 2001 bis 2014 kamen auf der Linie nach Russland auch Kombifähren zum Einsatz. Anschließend übernahmen wieder reine Frachtfähren die Fahrten nach St. Petersburg.

Seit April 2024 bedient Finnlines auch die Route von Malmö nach Swinemünde in Polen. Zum Einsatz kommt dabei stets ein Schiff der Travemünde-Malmö-Linie.

Stammfähren von Nordö/Finnlines zwischen Travemünde und Malmö

Name	Baujahr	Länge	Breite	Tiefgang	Tonnage	Lade-kapazität	Passagiere	Einsatzzeit auf der Linie
Svealand Av Malmö (ab 1987 Svea Link)	1973 als Svealand (II)	182,7 m	22,1 m	6,2 m	6.962 BRT	2.100 Lademeter	236	1982 – 1990
Lucky Rider (ab 1991 Ask)	1982	150,8 m	20,2 m	5,4 m	5.088 BRT	920 Lademeter	240	1982 – 1983 und 2002
Scandinavia (ab 1987 Scandinavia Link)	1969 als Finncarrier	137,3 m	24,5 m	5,2 m	6.209 BRT	1.390 Lademeter	150	1984 – 1990
Hansa Link	1968 als Frederick Carter	187,0 m	24,4 m	7,0 m	21.717 BRT	2.400 Lademeter	400	1990 (nur sporadisch)
Lübeck Link	1980 als Finnrose	192,6 m	27,0 m	6,8 m	33.163 BRZ	3.058 Lademeter	240	1990 – 2007
Malmö Link	1980 als Finnhawk	192,5 m	27,0 m	6,8 m	33.163 BRZ	3.058 Lademeter	250	1990 – 2007
Polaris	1975 als Dana Futura	176,6 m	22,9 m	7,1 m	20.326 BRZ	2.300 Lademeter	130	1998 – 2000
Finnsailor	1987	157,6 m	25,3 m	6,9 m	20.783 BRZ	1.400 Lademeter	119	2000 – 2001 und 2004 – 2007 und 2011
Finnarrow	1996 als Gotland	168,2 m	28,3 m	6,6 m	25.996 BRZ	2.400 Lademeter	200	2003 – 2004 und 2006 – 2007 und 2011
Finnclipper	1999	188,3 m	28,7 m	6,0 m	29.841 BRZ	2.459 Lademeter	400	2005 und 2012 – 2015 und 2021 – 2022
Finnpartner (III)	1995	183,0 m	29,9 m	7,4 m	33.313 BRZ	3.050 Lademeter	274	seit 2007
Finntrader	1995	183,0 m	28,7 m	7,4 m	33.313 BRZ	3.052 Lademeter	270	seit 2007
Europalink	2007	218,8 m	30,5 m	7,1 m	45.923 BRZ	4.200 Lademeter	500	2007 – 2009 und 2018 – 2021 und 2023 – 2024
Nordlink (ab 2018 Finnswan)	2007	218,8 m	30,5 m	7,1 m	45.923 BRZ	4.200 Lademeter	500	2007 – 2009 und 2012 – 2018 und seit 2024
Finneagle	1999	188,3 m	28,7 m	6,0 m	29.841 BRZ	2.459 Lademeter	400	2009 – 2012
Finnfellow	2000 als Stena Britannica	188,3 m	28,7 m	6,0 m	33.769 BRZ	3.099 Lademeter	400	seit 2022

Die FINNTRADER im Juni 2021 vor Travemünde
Foto: Dieter Streich

Kreuzfahrtfähren zwischen Lübeck und Malmö

Im Jahr 1992 eröffnete der norwegische Unternehmer Elling Ellingsen mit seinem Unternehmen Sea-Link, zu dem auch die Reederei Nordö-Link gehörte, eine Auto- und Kreuzfahrtfährlinie zwischen Lübeck und Malmö, die von der Tochtergesellschaft Euroway betrieben wurde. Die erste Fähre des Unternehmens, die FRANS SUELL, wurde zusammen mit einem baugleichen Schwesterschiff bei der Werft Brodosplit in Split (Jugoslawien) in Auftrag gegeben. Aufgrund der Jugoslawienkriege wurde die FRANS SUELL verspätet abgeliefert und nahm anstatt Mitte 1991 erst im Mai 1992 den Verkehr auf. Nachdem auf deutscher Seite zunächst nur Travemünde bedient worden war, verlängerte man die Route im September 1992 bis nach Lübeck, wo am Burgtorkai Fußpassagiere ein- und aussteigen konnten. Die Stadt Lübeck gestattete dort wegen des zusätzlichen Verkehrs keine Pkw- und Lkw-Verladung. Die Be- und Entladung von Fahrzeugen erfolgte weiterhin nur in Travemünde am Skandinavienkai. Im Frühjahr 1993 stieg Silja Line als Partner in den Betrieb der Verbindung ein, die danach als Silja Line Euroway vermarktet wurde. Silja Line brachte mit der SILJA FESTIVAL ein zweites Schiff in den Dienst ein, nachdem das zweite von Euroway bestellte Schiff, die FRANS KOCKUM, aufgrund der Kriegswirren in Jugoslawien nicht rechtzeitig fertiggestellt werden konnte. Silja Line Euroway verlängerte die Route ab 1. September 1993 über Malmö hinaus nach Kopenhagen, um die Attraktivität für Minikreuzfahrten weiter zu steigern. Am 10. April 1994 wurde der Betrieb wegen der zu schwachen Nachfrage und der anhaltend schwierigen Finanzlage der schwedischen Betriebsgesellschaft eingestellt.

Die FRANS SUELL am Travemünder Skandinavienkai
Foto: Kai Ortel

1965 bis 1999: Abseits der großen Fährhäfen

Die Autofähre Gelting Syd bei rauer See zwischen Gelting und Faaborg Foto: Dieter Streich

Von 1965 bis 1999 gab es auch abseits der großen deutschen Ostseefährhäfen mehr oder weniger erfolgreiche kombinierte Fährverbindungen nach Dänemark und sogar bis nach Großbritannien. Die berühmteste und am längsten bestehende war die Autofährlinie vom deutschen Gelting an der Flensburger Förde ins dänische Faaborg auf Fünen. Im Juli 1965 wurde diese Fährverbindung von der Reederei Nordisk Færgefart mit der gecharterten Autofähre Ærøboen eröffnet. Ursprünglich sollte das Fährschiff Sydfyn diese Aufgabe übernehmen, aber die Flensburger Schiffbau-Gesellschaft (FSG) konnte den Neubau nicht termingerecht abliefern. Erst im Oktober 1965 kam die Sydfyn zum Einsatz und löste die Charterfähre ab. Die Sydfyn blieb rund zehn Jahre auf der Verbindung, bevor auch sie ersetzt wurde. Ihr folgten nacheinander als Stammfähren die Autofährschiffe Gelting (ab 1975), Gelting Nord (ab 1981) und Gelting Syd (ab 1982). Am 30. Juni 1999 wurde die Linie schließlich eingestellt. Grund hierfür war das Ende des zollfreien Warenverkaufs innerhalb der EU. Ohne diese Einnahmequelle ließ sich die Verbindung nicht mehr wirtschaftlich betreiben.

Weitere Versuche, Autofährverbindungen aus der Region Südschleswig nach Dänemark zu etablieren, erfolgten im Herbst 1965 für einige Wochen zwischen Kappeln und Ærøskøbing auf der Insel Ærø mit dem Fährschiff Ærøboen sowie ab 1984 für kurze Zeit zwischen Eckernförde und Aabenraa mit der Teistin.

Von 1973 bis 1975 betrieb die 1972 gegründete Reederei Peter Deilmann einen Sommerfährdienst zwischen Neustadt in Holstein und Rønne auf Bornholm. Zum Einsatz kam das speziell für diesen Einsatz gebaute Fährschiff Nordlicht, das 650 Passagiere und

50 Pkw befördern konnte. Im weniger frequentierten Winterhalbjahr setzte man das Schiff für Butterfahrten zwischen Neustadt und Rødby auf Lolland ein. Ab den 1980er-Jahren fokussierte sich die Reederei Peter Deilmann dann auf das Kreuzfahrtgeschäft. Bekannt wurde diese einem breiten Publikum mit den Kreuzfahrtschiffen Berlin und Deutschland, die viele Jahre als Drehorte für die ZDF-Serie „Das Traumschiff" dienten.

Die Gelting Syd in den 1990er-Jahren am Anleger in Gelting
Foto: Heino Sehlmann

Eine sehr ungewöhnliche Autofährverbindung gab es noch im Herbst 1994 von dem an der Ostsee gelegenen Wismar aus. Die Reederei North Sea Baltic Ferries betrieb kurzzeitig einen Fährverkehr nach Newcastle in Großbritannien. Normalerweise fuhren Fähren nach England oder Schottland von Häfen an der Nordseeküste ab. Von Wismar aus benötigte das eingesetzte Fährschiff Norröna (I), das 1973 als Gustav Vasa (II) in Rendsburg gebaut worden war, etwa anderthalb Tage. Die Überfahrt zwischen Hamburg und Harwich dauerte beispielsweise nur rund 22 Stunden. Aufgrund mangelnder Nachfrage wurde die Linie Wismar – Newcastle bereits nach wenigen Abfahrten wieder eingestellt. ■

Das Kreuzfahrtschiff Deutschland der Reederei Peter Deilmann am Travemünder Ostpreußenkai (Juni 2008)
Foto: Archiv Lübecker Hafen-Gesellschaft

Seit 1967: Autofährlinie Kiel – Göteborg

Die Göteborg-Fähre Stena Germanica (I) mit geöffneter Bugklappe am Kieler Oslokai (August 1970). Im Hintergrund die Oslo-Fähre Prinsesse Ragnhild (I) Foto: StAKiel, 2.3 Magnussen 47.448

Die STENA OLYMPICA bekam ihren Namen aufgrund der Olympischen Sommerspiele 1972 in München. Foto: StAKiel, 2.3 Magnussen 55.178

Schon 1964 gab es konkrete Pläne für eine neue Fährverbindung zwischen Kiel und dem schwedischen Göteborg. Nach Verzögerungen wurde diese schließlich im April 1967 von der Reederei Stena Line eröffnet. Zum Einsatz kam auf der Autofährlinie anfangs der Neubau STENA GERMANICA (I). Der Name Stena leitet sich vom Namen des Reedereigründers Sten Allan Olsson ab.

Im Jahr 1972 verstärkte Stena Line die Linie mit zwei weiteren Fährschiffen, der STENA ATLANTICA und der STENA OLYMPICA. Grund hierfür war die hohe Auslastung auf der Fährlinie, unter anderem bedingt durch die Olympischen Sommerspiele in München, die vom 26. August bis zum 11. September 1972 stattfanden. Austragungsort der Segelwettbewerbe war der Kieler Stadtteil Schilksee.

Nach der Saison 1972 waren künftig zwei Stammfähren auf der Fährlinie ausreichend. In den folgenden Jahren wurden diese aufgrund stetig steigender Beförderungszahlen kontinuierlich ausgetauscht. Zur besseren Auslastung der Schiffe während der

langen Hafenliegezeit in Kiel fanden von 1972 bis 1981 tagsüber in der Sommersaison Überfahrten nach Korsør auf der dänischen Insel Seeland statt. Von 1973 bis 1977 führten einige dieser Abfahrten auch nach Nyborg auf der dänischen Insel Fünen.

Zum Anlegen nutzten die Göteborg-Fähren in Kiel zunächst gemeinsam mit anderen Fährlinien den 1961 eröffneten Oslokai, bis dieser Anfang der 1980er-Jahre zu klein wurde. Im Juni 1982 wechselte Stena Line daher an den neuen Schwedenkai, der damals als der modernste Anleger Europas galt. In dem neuen Terminalgebäude befanden sich Abfertigungsräume, der Zoll, Büros für Reederei und Agenturen sowie der Grenzschutz. In der zweiten Ebene gab es einen Wartebereich für die Passagiere der Göteborg-Fähren sowie für Kreuzfahrtgäste, was zur damaligen Zeit vollkommen neu war. ■

Die Kronprinsessan Victoria am neu errichteten Schwedenkai in Kiel (19. Juni 1982) Foto: Tim Schwabedissen

Zum gewohnten Stadtbild in Kiel gehören bis heute die Göteborg-Fähren der Reederei Stena Line, die tagsüber am Schwedenkai liegen. Hier ist die STENA GERMANICA (II) zu sehen (Dezember 2004). Foto: Marko Stampehl

Für die neueste Fährschiffgeneration, die seit 2010 zwischen Kiel und Göteborg verkehrt, wurde der Schwedenkai großzügig erweitert und modernisiert. Die bis heute eingesetzte STENA GERMANICA (III) ist mit rund 240 Meter Länge eines der längsten Fährschiffe auf der Ostsee. Foto: Lars-Kristian Brandt

Stammfähren zwischen Kiel und Göteborg

Name	Baujahr	Länge	Breite	Tiefgang	Tonnage	Lade-kapazität	Passagiere	Einsatzzeit auf der Linie
Stena Germanica (I)	1967	110,8 m	18,0 m	4,8 m	5.195 BRT	220 Pkw	1.300	1967 – 1973 (sporadisch noch bis 1976)
Stena Atlantica	1966 als Saga	141,2 m	21,0 m	5,2 m	7.889 BRT	100 Pkw	1.400	1972
Stena Olympica	1972	124,8 m	19,5 m	5,0 m	7.118 BRT	250 Pkw	1.500	1972 – 1982
Stena Scandinavica (I)	1973	124,8 m	19,5 m	5,0 m	7.125 BRT	250 Pkw	1.500	1973 – 1978
Scandinavica	1973 als Bolero	141,5 m	19,9 m	5,5 m	11.344 BRT	270 Pkw	975	1978 – 1981
Prinsessan Birgitta (ab 1982 Stena Scandinavica [II])	1974	152,4 m	20,0 m	5,6 m	8.753 BRT	320 Pkw	1.200	1981 – 1987
Kronprinsessan Victoria	1981	149,0 m	26,6 m	6,1 m	17.062 BRT	900 Lademeter	1.400	1982 – 1988
Stena Germanica (II)	1987	175,4 m	28,5 m	6,7 m	24.967 BRT	1.700 Lademeter	2.500	1987 – 2010
Stena Scandinavica (III)	1988	175,4 m	28,5 m	6,7 m	26.088 BRT	1.700 Lademeter	2.500	1988 – 2011
Stena Germanica (III)	2001 als Stena Hollandica	240,1 m	28,7 m	6,0 m	51.837 BRZ	3.907 Lademeter	1.300	seit 2010
Stena Scandinavica (IV)	2003 als Stena Britannica	243,4 m	29,3 m	6,3 m	57.958 BRZ	4.200 Lademeter	1.300	seit 2011

1975 bis 2009: Railship – Eisenbahngüterfähren nach Finnland

Güterwaggons werden in Travemünde an Bord der Railship I geschoben (1977). Foto: Archiv Lübecker Hafen-Gesellschaft

Obwohl diese Frachtfährschiffe regulär keine Passagiere beförderten und nur mit zwölf Fahrerkabinen ausgestattet waren, ist ihre Geschichte und technische Umsetzung erwähnenswert: Am 15. Februar 1975 eröffnete die schweizerische Railship-Gruppe (gegründet von Ostmare AG in der Schweiz, EFFOA, H. M. Gehrckens, Schenker sowie Kühne + Nagel) mit der Eisenbahngüterfähre RAILSHIP I eine Eisenbahnfährlinie ohne Passagierbeförderung zwischen dem Travemünder Skandinavienkai und dem finnischen Hanko. Die Strecke maß 540 Seemeilen (etwa 1.000 Kilometer) und war damit die weltweit längste Eisenbahnfährverbindung ihrer Zeit. Die größte Herausforderung bestand darin, dass die deutsche Eisenbahn eine Spurweite von 1.435 mm besitzt, die finnische Eisenbahn hingegen die russische Breitspur von 1.524 mm nutzt. Gelöst wurde das Spurweitenproblem, indem man die Eisenbahnfähren mit der zentraleuropäischen Normalspur ausstattete und die Güterwaggons im finnischen Hafen auf die russische Breitspur umrüstete. Dazu wurden die Wagenkästen mitsamt der Ladung in einer Halle in Hanko aufgebockt, die Normalspur-Drehgestelle unter den Wagen entfernt und durch Breitspur-Drehgestelle ersetzt. Um einheitliche Drehgestelle verwenden zu können, beschaffte die Railship-Gruppe anfänglich rund 500 umspurfähige Spezialgüterwagen. Die Vorteile des Transports der Güter in den Eisenbahnwaggons waren, dass zum einen ein Haus-zu-Haus-Schienentransport über große Entfernungen ohne Umladen möglich war und zum anderen Personal in Form von Lkw-Fahrern eingespart werden konnte.

Durch ein effizientes Be- und Entladesystem konnten die Hafenliegezeiten der Railship-Fähren auf etwa sechs Stunden begrenzt werden. Dazu verfügte jedes der drei Fährschiffe jeweils über einen Doppelstockaufzug, der die Güterwaggons im Schiffsinneren auf

Beladung der RAILSHIP II am Anleger 7 in Travemünde (Sommer 1989). Im Hintergrund die FINNJET
Foto: Archiv Lübecker Hafen-Gesellschaft

Das dritte Schiff der Reederei, die RAILSHIP III
Foto: Dieter Streich

die drei Ladedecks verteilte. Über Umsetzweichen im Bugbereich auf dem Tank- und dem Oberdeck sowie mithilfe von schienen- und straßengängigen Rangierloks konnten die Wagen auf die jeweils fünf Gleise pro Deck verteilt werden. Im Hauptdeck war es möglich, alle fünf Gleise über eine fünfgleisige Fährbrücke von Land aus zu bedienen. Freie Plätze auf den Eisenbahndecks wurden mit Trailern gefüllt.

Nachdem die Beförderungszahlen kontinuierlich stiegen, wurde die RAILSHIP I im Sommer 1979 um rund 27 Meter verlängert. Des Weiteren setzte man ab dem 29. November 1984 ein zweites Schiff auf der Route ein, die größere RAILSHIP II. Mit der Eisenbahnfähre RAILSHIP III kam schließlich im März 1990

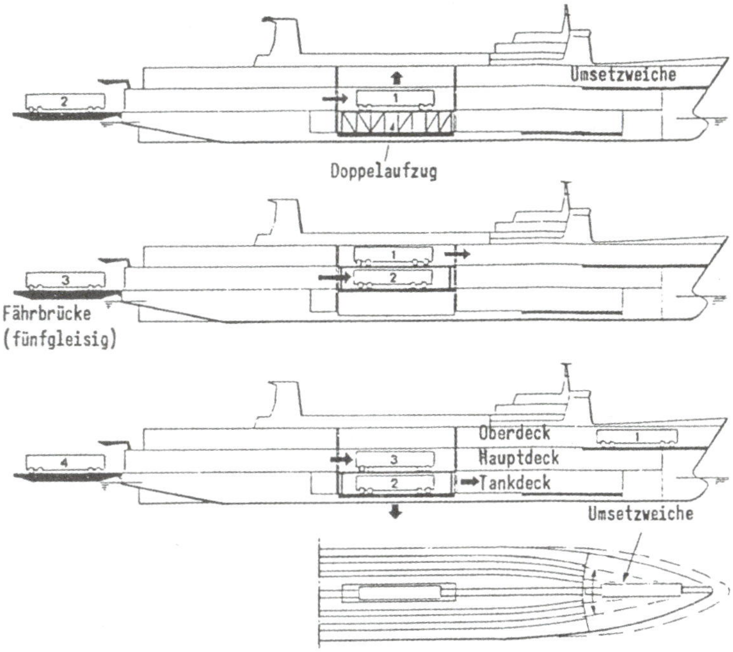

Prinzip zur Beladung der Railship-Fähren Grafik: Sammlung Brandt

ein drittes Schiff auf der Linie zum Einsatz. Im Jahr 1998 verlegte der nun alleinige Betreiber des Railship-Dienstes Finnlines den Zielhafen auf finnischer Seite von Hanko nach Turku.

Als sich um die Jahrtausendwende im Fährgeschäft zunehmend der Lkw- und Containerverkehr durchsetzte, wurde die älteste Eisenbahngüterfähre auf der Linie, die RAILSHIP I, im Jahr 2001 aus dem Verkehr genommen und verschrottet. Die verbliebenen beiden Schiffe transportierten fortan überwiegend Straßenfahrzeuge. Die RAILSHIP II fuhr ab 2002 unter dem Namen FINNRIDER, später als RIDER, bis sie 2006 nach Russland verkauft wurde. Nach Umrüstung auf die russische Breitspur kam sie zwischen Ust-Luga bei St. Petersburg und dem Kaliningrader Gebiet zum Einsatz. Die RAILSHIP III erhielt 2002 den Namen FINNRUNNER, hieß später RUNNER und wurde 2010 ebenfalls zur Breitspurfähre umgebaut und nach Russland verkauft. Als AMBAL fuhr sie künftig zusammen mit ihrem Schwesterschiff zwischen Ust-Luga und dem Kaliningrader Gebiet. ■

Railship-Fähren zwischen Travemünde und Hanko/Turku

Name	Baujahr	Länge	Breite	Tiefgang	Tonnage	Ladekapazität	Passagiere	Einsatzzeit auf der Linie
RAILSHIP I	1975	150,0 m	22,0 m	6,5 m	5.322 BRT	60 Güterwaggons auf 1.307 Gleismetern	10	1975 – 2001
RAILSHIP II (ab 2002 FINNRIDER, ab 2004 RIDER)	1984	186,5 m	21,7 m	6,5 m	20.077 BRZ	85 Güterwaggons auf 1.900 Gleismetern	12	1984 – 2006
RAILSHIP III (ab 2002 FINNRUNNER, ab 2004 RUNNER)	1990	189,7 m	22,0 m	6,5 m	20.792 BRZ	85 Güterwaggons auf 1.900 Gleismetern	12	1990 – 2009

1977 bis 2005: Gasturbinenschiff FINNJET

Die FINNJET um 1980 in der Lübecker Bucht Foto: Dieter Streich

Mit der FINNJET begann eine neue Ära in Travemünde. Über 20 Jahre sah man das Schiff dort an- und ablegen. Die von Gasturbinen angetriebene Autofähre wurde im Dezember 1973 von der Enso-Gutzeit Oy bei der Oy Wärtsilä Ab in Helsinki bestellt. Nach ihrer Fertigstellung sollte sie etwa dreimal so groß sein wie ihre Vorgängerschiffe FINNHANSA (I) und FINLANDIA. Am 20. Mai 1975 wurde die FINNJET auf Kiel gelegt. Zehn Monate später fand am 28. März 1976 der Stapellauf ohne große Feierlichkeiten statt, und schon am 9. Dezember gleichen Jahres begann die erste Probefahrt, die über zwei-

einhalb Tage andauerte. Im März 1977 verließ die FINNJET die Werft in Helsinki, um bei HDW in Kiel den Unterwasseranstrich zu erhalten. Auf der Rückfahrt wurde ein erster kurzer Testanlauf in Travemünde unternommen. Anschließend kehrte das Schiff wieder nach Helsinki zurück. Am 28. April 1977 war es dann so weit: Die FINNJET wurde von Anniki Mattila, der Ehefrau des damaligen Vorstandsvorsitzenden von Enso-Gutzeit, getauft und an den Eigner abgeliefert. Am 13. Mai 1977 ging das Schiff auf Jungfernreise nach Travemünde, zwei Wochen später als ursprünglich geplant: Die Maschinenoffiziere hatten

Die Finnjet am Travemünder Skandinavienkai (1980) Foto: Werner Stampehl

aufgrund eines landesweiten Streiks der finnischen Maschinisten ihre Arbeit niedergelegt.

Technisch gesehen war das Fährschiff Finnjet ein Superlativ seiner Zeit. Mit 30,5 Knoten Dienstgeschwindigkeit (circa 56 km/h) war sie damals dank des Gasturbinenantriebs die schnellste konventionelle Fähre der Welt. Eine Überfahrt von Travemünde nach Helsinki bewältigte das für Finnlines eingesetzte Fährschiff in rund 22 Stunden. Dabei muss erwähnt werden, dass die Finnjet ihre hohe Geschwindigkeit aufgrund des Bernoulli-Effekts erst ab einer Wassertiefe von rund 30 Metern ausfahren konnte. Dies war in nördlicher Richtung erst ab Höhe Trelleborg möglich. In der relativ flachen Mecklenburger Bucht war die Geschwindigkeit auf maximal 24 Knoten beschränkt. Der hohe Treibstoffverbrauch der Gasturbinen machte 1981 den Einbau von zusätzlichen Dieselmaschinen notwendig, der in Amsterdam vorgenommen wurde und die Wirtschaftlichkeit des Schiffes bedeutend verbesserte.

Die Finnjet wurde 1986 von der Reederei EFFOA übernommen und ab 1987 durch die Silja Line betrieben. Bis ins Jahr 1998 verkehrte sie zwischen Travemünde und Helsinki. Ab der Saison 1999 setzte Silja Line die Finnjet ab Rostock ein. Die kürzere Fahrtstrecke sparte Treibstoff und erlaubte einen

Zwischenstopp im estnischen Tallinn, durch den auch weiterhin Duty-Free-Verkauf an Bord möglich war. Im Dezember 2002 kehrte sie ein letztes Mal für eine Weihnachtskreuzfahrt nach Travemünde zurück. Im Jahr 2004 wurde die FINNJET vom Finnland-Verkehr abgezogen und nach umfangreicher Modernisierung in Rauma ab Juni auf der Strecke Rostock – Tallinn – St. Petersburg eingesetzt. Die Erwartungen an diese anfänglich ganzjährig geplante Route erfüllten sich nicht. Nach der Sommersaison 2005 wurde das Schiff als Wohnschiff für Studenten in das vom Hurrikan Katrina gebeutelte Baton Rouge im US-Bundesstaat Louisiana entsendet. Danach erfolgte der Verkauf an ein niederländisches Unternehmen, das das Schiff für Kreuzfahrten umbauen und einsetzen wollte. Dieses Vorhaben zerschlug sich. Nach mehreren Verkäufen wurde die FINNJET schließlich im Juni 2008 unter dem Namen KINGDOM im indischen Alang auf den Strand gesetzt und in der Folge abgebrochen. ■

FINNJET

Baujahr	1977
Bauwerft	Oy Wärtsilä Ab, Helsinki (Finnland)
Route	Travemünde – Helsinki
Länge ü. a.	212,8 m
Breite	25,4 m
Tiefgang	7,2 m
Tonnage	24.605 BRT
Leistung	55.000 kW
Geschwindigkeit	30,5 Knoten
Passagiere	1.532
Ladekapazität	350 Pkw
IMO	7359632

Ab 1987 fuhr die FINNJET unter der Regie von Silja Line. Foto: Dieter Streich

1986 bis 2013: Eisenbahn- und Autofährlinie Mukran – Klaipėda

Die Eisenbahngüterfähre MUKRAN in den 1990er-Jahren am Anleger im litauischen Klaipėda Foto: Stadtarchiv Sassnitz

Im Jahr 1982 starteten auf der Insel Rügen, nahe dem Sassnitzer Ortsteil Mukran, die Bauarbeiten für das damals größte Verkehrsprojekt der DDR. Dort entstand in vierjähriger Bauzeit der zweite Fährhafen der Stadt für die neue Eisenbahnfährlinie ins sowjetische Klaipėda. Die Hauptgründe für die Errichtung dieser Verbindung waren Unsicherheiten durch politische Unruhen in Polen und die dortigen immens gestiegenen Transitgebühren für Güterzüge. Durch die neue Fährlinie konnte das Nachbarland auf dem Seeweg umfahren werden.

Am 2. Oktober 1986 startete der Fährbetrieb zwischen Mukran und Klaipėda mit der ersten von sechs geplanten Eisenbahngüterfähren. Das in Wismar gebaute Fährschiff MUKRAN verfügte über zwei übereinanderliegende Eisenbahndecks mit jeweils fünf Gleisen in russischer Breitspur. Um die beiden Decks unabhängig voneinander beladen zu können, wurden an den beiden Fährbetten in Mukran doppelstöckige Eisenbahnfährbrücken errichtet. Im Hinterland baute man zudem einen etwa vier Kilometer langen Güterbahnhof, der ebenfalls mit Breitspurgleisen ausgestattet wurde. Durch diese Besonderheit erlangte Mukran schnell den Beinamen „westlichster Bahnhof der Transsibirischen Eisenbahn". Um die Waren der Waggons auf den europäischen Normalspurgleisen weiter ins Landesinnere zu bringen, konnten die Güterwagen in speziellen Anlagen umgeachst werden, oder die Ladung wurde umgeladen.

Nach Indienststellung der MUKRAN folgten nacheinander die baugleichen Schwesterschiffe KLAIPĖDA (27. Juni 1987), VILNIUS (30. Oktober 1987), GREIFSWALD (25. November 1988) und KAUNAS (20. Oktober 1989). Das geplante sechste Schiff, die WISMAR, wurde aufgrund der angeschlagenen DDR-Wirtschaft nicht mehr gebaut. Die beiden Fähren MUKRAN und GREIFSWALD wurden von der VEB Deutfracht/Seereederei Rostock, später Deutsche Seereederei (DSR),

Die MUKRAN im gleichnamigen Fährhafen am Anleger (1980er-Jahre) Foto: Stadtarchiv Sassnitz

Anlage zur Umladung von Gütern zwischen Waggons auf russischer Breitspur und Waggons auf europäischer Normalspur
Foto: Stadtarchiv Sassnitz

bereedert, die übrigen drei Schiffe von der Lithuanian Shipping Company (LISCO).

Die Eisenbahnfährverbindung Mukran – Klaipėda diente vorrangig dem Warenaustausch zwischen der Sowjetunion und der DDR. Bis 1994 fand keine Passagierbeförderung statt. In Zeiten des Kalten Krieges wurde den Fähren zusätzlich eine weitere hochbrisante Aufgabe zuteil. Sie sollten militärische Ladung und Soldaten befördern sowie im Kriegsfall Truppen- und Versorgungstransporte in Richtung Westen verschiffen. In einem solchen Falle wäre der Fährkomplex Mukran natürlich eines der ersten zu zerstörenden Ziele der Westmächte gewesen. Daher war er zu DDR-Zeiten ein hermetisch abgeriegeltes Sperrgebiet.

Durch die Wiedervereinigung Deutschlands und den Zerfall der Sowjetunion Anfang der 1990er-Jahre waren die Beförderungszahlen auf der Fährverbindung Mukran – Klaipėda stark rückläufig. Eine vorübergehende deutliche Belebung gab es für die Eisenbahnfährlinie nur kurzzeitig zwischen 1991 und 1994. In dieser Zeit zogen die ehemaligen Sowjetstaaten ihre Truppen aus Ostdeutschland ab. Es handelte sich um die größte Truppenbewegung in Friedenszeiten. Transportiert wurden Material und Militärfahrzeuge, verladen auf Güterwaggons. Auch Atomwaffen sollen über Mukran trajektiert worden sein. Mit Beendigung des Truppenabzugs wechselten die Eisenbahngüterfähren in den Folgejahren teilweise auf andere Routen, da der Bedarf zwischen Mukran und Klaipėda nicht mehr gegeben war. Die Vilnius und die Kaunas kamen beispielsweise ab 1993/94 ab Kiel zum Einsatz. Damit künftig auch Passagiere auf den Eisenbahngüterfähren transportiert werden konnten, wurden von 1993 bis 1995 mit Ausnahme der Klaipėda alle Einheiten umgebaut und mit Passagiereinrichtungen ausgestattet.

Die beiden Fährschiffe Mukran (ab 1995 Petersburg) und Greifswald fuhren ab 1994 für Euroseabridge, verließen jedoch bis zum Jahr 2000 ihre angestammte Route ab Mukran. So verblieb ab Dezember 2000 lediglich noch die Klaipėda der Lithuanian Shipping Company (LISCO) auf der Fährlinie nach Litauen. Die Reederei LISCO wurde 2001 von der dänischen DFDS übernommen und war künftig alleiniger Betreiber der Route Mukran – Klaipėda. Mitte 2006 wurde auf dieser Verbindung die Klaipėda durch die Vilnius ersetzt. Mit Letzterer war es nach etwa fünfeinhalb Jahren wieder möglich, regelmäßig Passagiere zwischen Rügen und Litauen zu befördern.

Ab dem Jahr 2011 kehrte auch die Kaunas in ihr altes Fahrtgebiet zurück und verkehrte künftig zusammen mit der Vilnius nach Klaipėda. Am 29. September 2013 stellte DFDS schließlich ihren kombinierten Auto- und Eisenbahnfährverkehr zwischen Mukran und Klaipėda ein und konzentrierte ihre Deutschland-Litauen-Verkehre künftig auf die Fährlinie Kiel – Klaipėda. ■

Abfertigung der beiden Eisenbahngüterfähren Greifswald und Klaipėda in Mukran auf Rügen (1995) Foto: Kai Ortel

Blick auf das obere Eisenbahndeck der Vilnius (2007). In den Kesselwagen wurde unter anderem Phosphor aus Kasachstan nach Bitterfeld und Wittenberg-Piesteritz befördert. Foto: Bildarchiv der Eisenbahnstiftung/Sammlung Erich Preuß

Die Kaunas Seaways (ehemals Kaunas) läuft im Dezember 2014 in Sassnitz-Mukran ein. Nach Einstellung der Verbindung Mukran – Klaipėda im September 2013 kam sie von Juli 2014 bis Anfang 2015 in Charter für Black Sea Ferry & Investments von Sassnitz nach Baltijsk im Kaliningrader Gebiet sowie nach Ust-Luga bei St. Petersburg zum Einsatz. Gelegentlich gab es Zwischenstopps in Klaipėda. Zeitweise unternahm sie auch Überfahrten nach Kopenhagen, um Tunnelelemente für den Bau der dortigen Metro zu liefern. Foto: Stephan Krohn

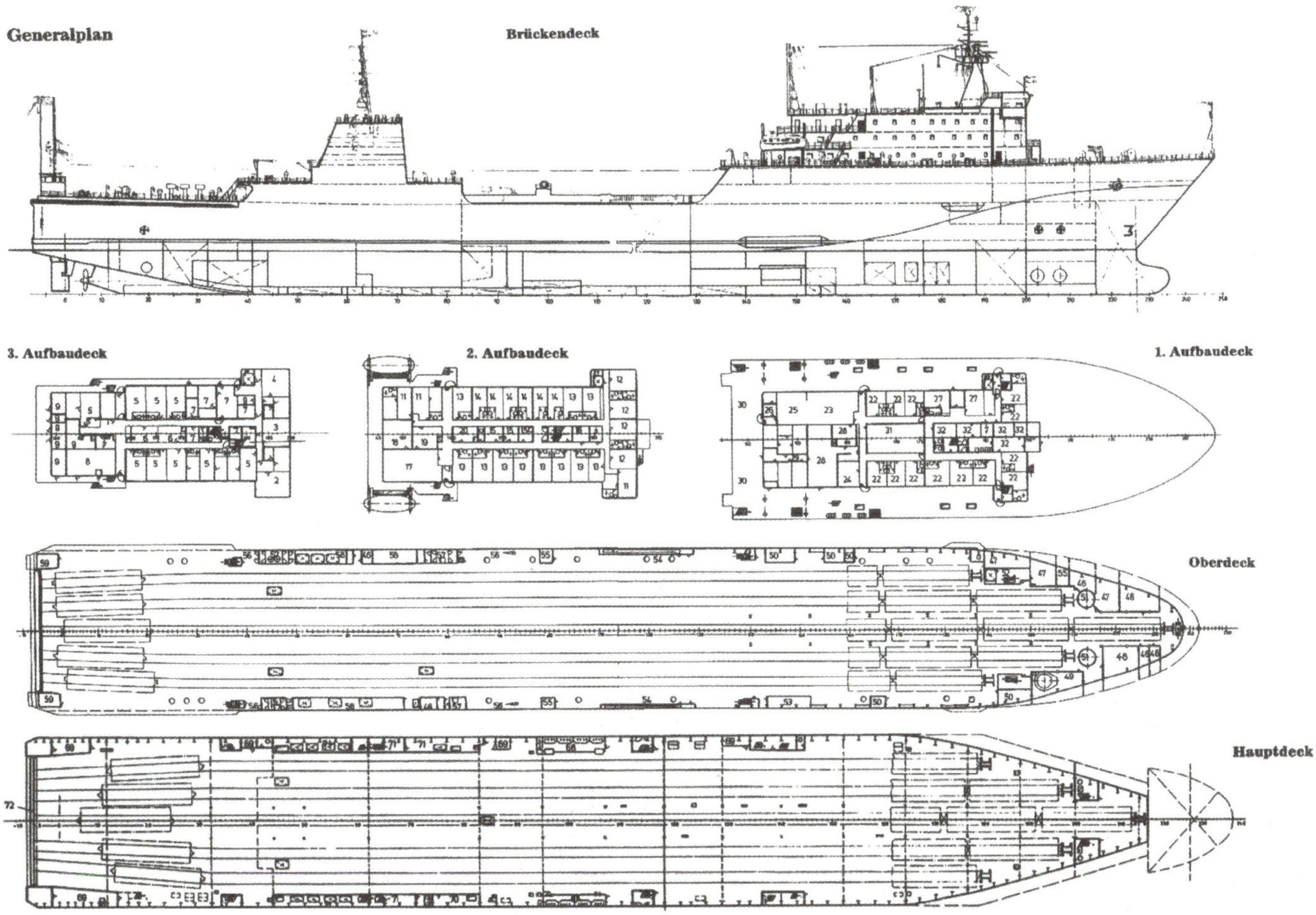

Seitenriss und Deckpläne des Prototyps der Eisenbahngüterfähren Grafik: Sammlung Brandt

Stammfähren zwischen Mukran und Klaipėda

Name	Baujahr	Länge	Breite	Tiefgang	Tonnage	Ladekapazität	Passagiere	Einsatzzeit auf der Linie
MUKRAN (ab 1995 PETERSBURG)	1986	190,4 m	28,0 m	7,2 m	22.404 BRZ	103 Güterwagen auf 1.539 Gleismetern	12	1986 – 2000
KLAIPĖDA	1987	190,9 m	28,0 m	7,2 m	21.890 BRZ	103 Güterwagen auf 1.539 Gleismetern	12	1987 – 2006
VILNIUS (ab 2011 VILNIUS SEAWAYS)	1987	190,9 m	28,0 m	7,2 m	21.934 BRZ	103 Güterwagen auf 1.539 Gleismetern	12	1987 – 1993 und 2006 – 2013
GREIFSWALD	1988	190,9 m	28,0 m	7,2 m	21.890 BRZ	103 Güterwagen auf 1.539 Gleismetern	12	1988 – 1997
KAUNAS (ab 2012 KAUNAS SEAWAYS)	1989	190,9 m	28,0 m	7,2 m	21.934 BRZ	103 Güterwagen auf 1.539 Gleismetern	12	1989 – 1993 und 2011 – 2013

Seit 1990: Autofährlinie Rostock – Gedser

Die Falster Link in den 1990er-Jahren im Rostocker Überseehafen Foto: ROSTOCK PORT/nordlicht

Durch die Teilung Deutschlands nach dem Zweiten Weltkrieg hatten sich die Verkehre über die Ostsee nach Westen verlagert. Ab 1962 entstanden viele Fährverbindungen vom neuen Skandinavienkai im Lübecker Stadtteil Travemünde. So auch im Jahr 1963 die Autofährlinie von Travemünde ins dänische Gedser. Doch mit dem Fall der Berliner Mauer im Jahr 1989 und der Wiedervereinigung Deutschlands am 3. Oktober 1990 erfolgte erneut eine Verlagerung der Verkehre, diesmal in Richtung Osten.

Die Reederei GT-Link, Betreiber der Fährverbindung Travemünde – Gedser, sah sich nun mit der deutlich kürzeren Fährlinie Warnemünde – Gedser konfron-

tiert, die eine neue Konkurrenz im Fahrtgebiet zwischen Deutschland und Dänemark darstellte. Daher prüfte GT-Link das Vorhaben, künftig die eigenen Autofähren Falster Link, Europa Link und Travemünde Link (1992 in Rostock Link umbenannt) ab Rostock einzusetzen. Vorteile am Standort Rostock waren die deutlich kürzere Fährstrecke nach Gedser und der direkte Autobahnanschluss an Berlin.

Nach genauer Betrachtung der Marktsituation und intensiven Verhandlungen mit dem Rostocker Hafen wurde die neue Autofährlinie Rostock – Gedser am 1. Oktober 1990 eröffnet. Der anfangs noch parallel angebotene Liniendienst von Travemünde nach Gedser wurde zum 1. Januar 1991 zunächst eingestellt, jedoch von 1993 bis 1994 insbesondere für Frachtkunden kurzzeitig wieder eröffnet. Danach agierte die Reederei, die bereits am 1. April 1991 in Europa Linien umbenannt wurde, ausschließlich ab Rostock.

Ab Herbst 1994 setzte auch die Danske Statsbaner (ab 1995 DSB Rederi), die zusammen mit der Deut-

Zuvor als Travemünde Link zwischen Travemünde und Gedser im Einsatz, verkehrte diese Autofähre in den 1990er-Jahren als Rostock Link zwischen Rostock und Gedser.
Foto: Dieter Streich

Im Herbst 1994 stieg die DSB mit dem Fährschiff KNUDSHOVED in den Fährverkehr zwischen dem Rostocker Überseehafen und Gedser ein.
Foto: ROSTOCK PORT/nordlicht

schen Fährgesellschaft Ostsee (DFO) die Fährlinie Warnemünde – Gedser betrieb, ein Fährschiff für die Beförderung von Straßenfahrzeugen vom Rostocker Überseehafen aus nach Gedser ein. Durch die neue direkte Konkurrenz kam für die Reederei Europa Linien künftig nur noch eine statt der bisherigen zwei Stammfähren auf der Verbindung zum Einsatz. Im Mai 1996 übernahm die DSB Rederi, die 1997 in Scandlines A/S umbenannt wurde und 1998 mit der DFO zur deutsch-dänischen Scandlines AG fusionierte, schließlich den Konkurrenten Europa Linien und passte in der Folge die eingesetzte Tonnage zwischen Rostock und Gedser immer wieder dem Bedarf an.

Ab Juni 1998 erhielt Scandlines auf der Verbindung Konkurrenz durch die Reederei Easy Line. Diese konnte sich jedoch mit den alten, unkomfortablen Fährschiffen ANJA 11 und GITTE 3 nicht behaupten und stellte schon im Dezember 2000 den Betrieb auf der Linie wieder ein.

Der stetig zunehmende Autoverkehr veranlasste die Reederei Scandlines im März 2010 dazu, erstmals zwei Neubauten für die Fährlinie Rostock – Gedser zu bestellen. Sie wurden auf der Stralsunder Volkswerft gebaut und sollten ab 2012 eingesetzt werden.

Da es beim Bau der Autofähren jedoch erhebliche Schwierigkeiten gab, stornierte Scandlines den Bauvertrag im November 2012. Stärkster Kritikpunkt war das zu große Gewicht der Schiffe und der daraus resultierende hohe Tiefgang, sodass die flachen Gewässer vor Gedser mit den Neubauten nicht sicher hätten befahren werden können. Im Januar 2014 erwarb Scandlines die Neubauten der mittlerweile insolventen Stralsunder Werft für nur 31,6 Millionen Euro statt des ursprünglich vereinbarten Baupreises von 184 Millionen Euro. Die beträchtliche Ersparnis ermöglichte es, die beiden Schiffe bei Fayard im dänischen Odense umfassend umzubauen und sie für den Einsatz auf der angedachten Route zu ertüchtigen. Die oberen beiden Passagierdecks wurden vollständig entfernt und durch leichtere Aufbauten ersetzt. Zudem verbaute man ein modernes Hybridsystem, das während der Fahrt überschüssige Energie in Batterien speichert und bei Bedarf wieder an die Maschinen abgibt. ■

Die Schnellfähre BERLIN EXPRESS ersetzte im Juni 1996 die KNUDSHOVED. Die Fahrzeit verkürzte sich dadurch auf ausgewählten Abfahrten von rund zwei Stunden auf etwa 70 Minuten. Foto: Dieter Streich

Die Reederei Easy Line nutzte im Rostocker Überseehafen zur Abfertigung der Fähren einen Pontonanleger am Liegeplatz 31, abseits des Fährterminals. Foto: ROSTOCK PORT/nordlicht

Die Prins Joachim und ihr Schwesterschiff Kronprins Frederik wurden im Jahr 2004 mit leistungsfähigeren Antriebsmaschinen ausgestattet. Dadurch konnte die Fahrzeit zwischen Rostock und Gedser von 120 auf 105 Minuten reduziert werden. Foto: Stephan Krohn

Die Neubauten COPENHAGEN und BERLIN erhielten 2020 bzw. 2022 jeweils ein Rotorsegel. Dieser 30 Meter hohe rotierende Zylinder nutzt den sogenannten Magnus-Effekt, der dazu beiträgt, das Schiff vorwärtszubewegen. Wenn der Wind auf den rotierenden Zylinder trifft, wird er auf der einen Seite des Zylinders beschleunigt und auf der anderen Seite des Zylinders verlangsamt. Der Unterschied in der Windgeschwindigkeit führt zu einem Druckunterschied, der eine Kraft senkrecht zum Wind generiert. Genau diese Kraft hilft dabei, das Schiff voranzutreiben. Foto: Lars-Kristian Brandt

Stammfähren zwischen Rostock und Gedser

Name	Baujahr	Länge	Breite	Tiefgang	Tonnage	Ladekapazität	Passagiere	Einsatzzeit auf der Linie
FALSTER LINK	1969 als FREE ENTERPRISE IV	117,51 m	19,4 m	4,3 m	5.049 BRT	280 Pkw	1.200	1990 – 1994
EUROPA LINK	1966 als CHANTILLY	109,9 m	17,8 m	4,0 m	3.255 BRT	190 Pkw	1.350	1990 – 1992
ROSTOCK LINK	1975 als EUROPEAN GATEWAY	133,5 m	20,7 m	5,8 m	11.335 BRT	400 Pkw	1.100	1992 – 1998
KNUDSHOVED	1961	109,2 m	17,7 m	4,6 m	3.882 BRT	200 Pkw	1.200	1994 – 1996
BERLIN EXPRESS	1995 als KATTEGAT	95,0 m	17,4 m	3,7 m	4.675 BRZ	160 Pkw	600	1996 – 1999
ANJA #11 (ab 1999 ANJA 11)	1989 als SUPERFLEX KILO	95,8 m	17,0 m	3,6 m	4.101 BRZ	170 Pkw	286	1998 – 2000
KRONPRINS FREDERIK	1981	152,0 m	23,7 m	5,1 m	16.071 BRZ	210 Pkw	1.400	1998 – 2016
DRONNING MARGRETHE II	1973	144,7 m	17,7 m	4,8 m	6.211 BRT	260 Pkw	1.500	1999 – 2005
GITTE 3	1989 als SUPERFLEX DELTA	95,8 m	17,0 m	3,6 m	4.296 BRZ	170 Pkw	400	1999
PRINS JOACHIM	1980	152,0 m	23,7 m	5,6 m	16.071 BRZ	210 Pkw	1.400	2001 – 2016
BERLIN	2016	169,5 m	25,4 m	5,5 m	22.319 BRZ	460 Pkw	1.300	seit 2016
COPENHAGEN	2016	169,5 m	25,4 m	5,5 m	22.319 BRZ	460 Pkw	1.300	seit 2016

Seit 1992: Autofährlinie Rostock – Trelleborg

Die KAHLEBERG am Liegeplatz 31 (Hansakai) des Rostocker Überseehafens (1992) Foto: Dieter Streich

Nachdem bereits im Oktober 1990 die Autofährlinie Travemünde – Gedser aufgrund der Wiedervereinigung Deutschlands größtenteils nach Rostock verlegt worden war, plante auch die Reederei TT-Line, die zwischen Travemünde und Trelleborg aktiv war, einen zusätzlichen Fährverkehr ab Rostock. Gemeinsam mit der Deutschen Seereederei (DSR) eröffnete man am 9. Januar 1992 mit dem Fährschiff MARKO POLO unter dem Liniennamen TR-Line eine Autofährlinie von Rostock nach Trelleborg in Südschweden.

Mit der vorrangig für Lkw vorgesehenen KAHLEBERG kam am 15. Januar 1992 ein zweites Fährschiff auf der Verbindung in Fahrt. Aufgrund steigender Beförderungszahlen bzw. einem Maschinenschaden der MARKO POLO im Herbst 1992 wurden im Laufe der Zeit kontinuierlich die Stammfähren ersetzt.

Nachdem die Deutsche Seereederei zum 1. Januar 1996 aus der TR-Line ausgestiegen war, verkehrten die Fährschiffe fortan unter dem Reedereinamen

TT-Line. Die TT-Line erweiterte bereits im Mai des Jahres ihr Angebot auf der Route und setzte bis Dezember 2004 die neue Katamaran-Schnellfähre DELPHIN für die Beförderung von Pkw, Wohnmobilen, Bussen und Passagieren ein. Mit dieser dauerte die Überfahrt nach Schweden nur noch zwei Stunden und 45 Minuten. Im Vergleich dazu benötigten die konventionellen Fährschiffe zwischen Rostock und Trelleborg weiterhin rund sechs bis sieben Stunden.

Durch die seit dem Jahr 2014 erweiterte Route Travemünde – Trelleborg mit gelegentlichen Zwischenstopps im Rostocker Überseehafen kamen künftig alle Fährschiffe der Flotte abwechselnd auch ab Rostock zum Einsatz. Weil die Schwesterschiffe NILS HOLGERSSON (VI) und PETER PAN (V) sowie später auch deren Nachfolger zur optimalen Beladung eine Doppelstockrampe benötigten, wechselte man am Rostocker Fährterminal im Jahr 2015 den Anleger. Seitdem werden die im Jahr 2001 für die Reederei Superfast errichteten Rampen am Liegeplatz 53 genutzt. ■

Erste Autofähre zwischen Rostock und Trelleborg war im Jahr 1992 die MARKO POLO.
Foto: Dieter Streich

Die TT-Traveller löste im Februar 1997 die Kahleberg auf der Linie nach Trelleborg ab. Zu diesem Zeitpunkt entstand auch dieses Foto im Rostocker Überseehafen. Foto: ROSTOCK PORT/nordlicht

Die Katamaran-Schnellfähre Delphin im Rostocker Seekanal Foto: Dieter Streich

Die TOM SAWYER läuft aus Trelleborg kommend in Rostock ein (Mai 2018).
Foto: Lars-Kristian Brandt

Stammfähren der Autofährlinie Rostock – Trelleborg

Name	Baujahr	Länge	Breite	Tiefgang	Tonnage	Lade-kapazität	Passagiere	Einsatzzeit auf der Linie
MARKO POLO	1973 als PETER WESSEL	128,1 m	20,0 m	5,5 m	6.801 BRT	270 Pkw	1.500	1992
KAHLEBERG	1983	140,1 m	20,5 m	6,0 m	4.692 BRT	840 Lademeter	79	1992 – 1997
WINSTON CHURCHILL	1967	140,7 m	20,5 m	5,6 m	8.657 BRT	180 Pkw	462	1992
DIANA II	1979 als DIANA II AV SLITE	137,0 m	24,2 m	5,5 m	11.671 BRT	555 Pkw	1.900	1992 – 1994
NORD NEPTUNUS	1977 als STENA TOPPER	114,4 m	18,1 m	4,6 m	3.455 BRT	255 Pkw	412	1994 – 1995
SAGA STAR	1981	147,0 m	24,0 m	6,3 m	8.226 BRT	1.408 Lademeter	170	1995 – 2001
DELPHIN (ab 2002 TT-DELPHIN)	1996	82,3 m	23,0 m	2,5 m	5.541 BRZ	175 Pkw	600	1996 – 2004
TT-TRAVELLER	1991 als STENA TRAVELLER	154,0 m	24,3 m	5,9 m	18.332 BRZ	1.800 Lademeter	245	1997 – 2002
TOM SAWYER	1989 als ROBIN HOOD (IV)	177,2 m	26,0 m	5,7 m	26.478 BRZ	2.250 Lademeter	400	seit 2001
HUCKLEBERRY FINN	1988 als NILS DACKE (II)	177,2 m	26,0 m	5,7 m	26.391 BRZ	2.250 Lademeter	400	seit 2002
ROBIN HOOD (V) (ab 2014 NILS DACKE [IV])	1995	179,3 m	27,2 m	6,0 m	26.796 BRZ	2.428 Lademeter	300	seit 2014
NILS DACKE (III) (ab 2014 ROBIN HOOD [VI])	1995	179,3 m	27,2 m	6,0 m	26.796 BRZ	2.428 Lademeter	300	seit 2014
NILS HOLGERSSON (VI) (ab 2022 AKKA)	2001	190,8 m	29,5 m	6,2 m	36.468 BRZ	2.685 Lademeter	744	seit 2014
PETER PAN (V) (ab 2022 TINKER BELL)	2001	190,8 m	29,5 m	6,2 m	36.468 BRZ	2.685 Lademeter	744	seit 2014
NILS HOLGERSSON (VII)	2022	229,4 m	31,0 m	6,7 m	56.138 BRZ	4.000 Lademeter	800	seit 2022
PETER PAN (VI)	2023	229,4 m	31,0 m	6,7 m	56.138 BRZ	4.000 Lademeter	800	seit 2023

Seit 1993: Autofährlinie Mukran – Rønne (Bornholm)

Die PEDER OLSEN Anfang der 1990er-Jahre in Mukran Foto: Stadtarchiv Sassnitz

Bereits im Mai 1978 eröffnete die Deutsche Reichsbahn (DR) mit dem Fährschiff SASSNITZ (I) vorrangig für Westberliner einen ersten kombinierten Fährverkehr für Autos und Passagiere zwischen dem Sassnitzer Stadthafen und Rønne auf der dänischen Insel Bornholm. Bis Ende Oktober 2004 kamen für die staatliche Reederei und ihre Nachfolger DFO bzw. Scandlines verschiedene Fährschiffe zum Einsatz, zumeist die Reservefähren der Königslinie. Im Januar 1998 wechselte man den Anleger in Sassnitz und zog vom Stadthafen zum neuen Fährhafen in Mukran.

Anfang 1993 eröffnete die dänische Reederei Bornholmstrafikken den bis heute bestehenden kombinierten Auto- und Passagierfährverkehr zwischen Mukran und Rønne. Sie setzte anfangs das Fährschiff PEDER OLSEN und später abwechselnd die POVL ANKER und JENS KOFOED im Liniendienst von Rügen nach Bornholm ein. Damit bekam die DFO (Nachfolger der DR) in diesem Fahrtgebiet erstmals direkte Konkurrenz.

Im Jahr 2002 trafen die Reedereien Scandlines (Nachfolger der DFO) und Bornholmstrafikken eine Vereinbarung. Die RÜGEN von Scandlines sollte nur in der Hauptsaison, die POVL ANKER und JENS KOFOED dagegen sollten ausschließlich in der Nebensaison fahren. Die EU-Kommission untersagte jedoch Anfang 2003 diese Kooperation, da Bornholmstrafikken vom dänischen Staat subventioniert wurde. Deshalb verkehrte Scandlines mit der RÜGEN von 2003 bis 2004 alleine zwischen Sassnitz und Rønne. Danach stellte Scandlines den Bornholm-Verkehr ein. Haupt-

Die zuvor auf der Königslinie eingesetzte SKÅNE (I) verkehrte 1987 und 1988 für die DR zwischen dem Sassnitzer Stadthafen und Rønne. Mit dieser kombinierten Auto- und Eisenbahnfähre wurden lediglich Straßenfahrzeuge nach Bornholm übergesetzt. Foto: Stadtarchiv Sassnitz

Die Rügen war von 1989 bis 2004 im Bornholm-Dienst im Einsatz. Hier läuft sie im Dezember 1996 aus dem Sassnitzer Stadthafen aus. Foto: Marko Stampehl

grund dafür war, dass die Rügen vom Germanischen Lloyd (dem „Schiffs-TÜV") keine Klasse mehr bekam. Die Reederei Bornholmstrafikken übernahm daraufhin ab 2005 mit den beiden Neubauten Hammerodde und Dueodde sowie der Povl Anker wieder den Sassnitz-Rønne-Dienst. Zudem wurde mit den beiden neuen Autofähren ein vorrangig für den Frachtverkehr vorgesehener Fährdienst zwischen Sassnitz und Køge bei Kopenhagen eingerichtet. Wegen mangelhafter Auslastung stellte man diesen jedoch kurz darauf wieder ein.

Mit der Zeit zeigte sich, dass die beiden Neubauten nicht optimal für den Einsatz nach Bornholm geeignet waren. Deshalb baute man die Hammerodde im Jahr 2010 um. Sie erhielt ein zusätzliches Fahrzeugdeck und bekam einen neuen Ruheraum für die Passagiere. Die Dueodde dagegen wurde nach Neuseeland verkauft. Zeitgleich änderte man den Reedereinamen in BornholmerFærgen.

Mitte der 2010er-Jahre wurde der Betrieb der Fährlinien nach Bornholm neu ausgeschrieben. Die Reederei Molslinjen erhielt daraufhin den Zuschlag und übernahm unter dem Namen Bornholmslinjen am 1. September 2018 den Fährverkehr nach Rønne. Eingesetzt werden der Autofährneubau Hammershus als Ersatz für die Hammerodde und die altbewährte Povl Anker, Letztere jedoch nur als Verstärkerfähre in der Hochsaison oder als Reservefähre. ■

Der Neubau Hammerodde verlässt den Fährhafen in Sassnitz-Mukran (Mitte der 2000er-Jahre). Foto: Stadtarchiv Sassnitz

Die Povl Anker ist bis heute zwischen Sassnitz-Mukran und Bornholm im Einsatz. Das 1978 gebaute Fährschiff ist eine der ältesten noch aktiven Autofähren auf der Ostsee. Foto: Johannes Geske

Stammfähren zwischen Sassnitz und Rønne

Name	Baujahr	Länge	Breite	Tiefgang	Tonnage	Lade-kapazität	Passagiere	Einsatzzeit auf der Linie
Sassnitz (I)	1959	137,5 m	18,4 m	5,7 m	6.164 BRT	381 Lademeter	1.017	1978 – 1986
Skåne (I)	1966	147,7 m	18,4 m	5,3 m	6.534 BRT	465 Lademeter	1.192	1987 – 1988
Rügen	1972	152,2 m	18,8 m	5,6 m	6.465 BRT	481 Lademeter	1.468	1989 – 2004
Peder Olsen	1974 als Kattegat II	118,1 m	18,5 m	4,8 m	4.655 BRT	400 Lademeter	1.200	1993 – 1999
Jens Kofoed	1978	121,1 m	21,5 m	5,3 m	12.131 BRZ	540 Lademeter	1.500	1998 – 2002
Povl Anker	1978	121,1 m	21,5 m	5,2 m	12.131 BRZ	540 Lademeter	1.500	1999 – 2002 (seit 2005 Verstärker- und Reservefähre)
Hammerodde	2005	124,9 m	23,4 m	5,3 m	13.906 BRZ	1.235 Lademeter	400	2005 – 2018
Dueodde	2005	124,9 m	23,4 m	5,3 m	13.906 BRZ	1.235 Lademeter	400	2005 – 2010
Hammershus	2018	158,0 m	24,5 m	5,7 m	18.009 BRZ	1.518 Lademeter	720	seit 2018

Die moderne HAMMERSHUS wurde 2018 in Dienst gestellt. Sie ist speziell für die Verbindungen von Køge bei Kopenhagen und Sassnitz-Mukran nach Rønne auf Bornholm entwickelt worden. Foto: Matti Block

Seit 1993: Fährterminal Rostock

Luftaufnahme des Rostocker Fährterminals im Überseehafen auf Pier I von Süden aus gesehen (Sommer 1998)
Foto: ROSTOCK PORT/nordlicht

Das Wachstum der DDR-Wirtschaft und der Aufbau einer staatlichen Handelsflotte ab den 1950er-Jahren machten auf dem Gebiet der Deutschen Demokratischen Republik den Bau eines neuen leistungsfähigen Überseehafens erforderlich. Dieser wurde bis Januar 1960 in Rostock errichtet und in den Folgejahren stetig ausgebaut. Doch erst rund 30 Jahre später, im Oktober 1990, wurden hier erstmals Autofähren abgefertigt.

Anfangs legten die Fähren nach Gedser und Trelleborg jedoch an provisorisch und kurzfristig errichteten Pontonanlegern an, die zudem auch noch weit voneinander entfernt lagen. Da durch die Wiedervereinigung Deutschlands weitere Fährverkehre ab Rostock zu erwarten waren, entschied man sich im Jahr 1992 dazu, die Fähranlagen zu zentralisieren. An der Pier I des Rostocker Überseehafens entstanden dafür bis 1996 auf der Warnow-Seite vier Fähranleger. Dies ermöglichte es, dass ab Juni 1993 die Autofähren nach Gedser, ab Juni 1994 die neu eingesetzten Eisenbahn- und Autofähren von DFO und SweFerry nach Trelleborg sowie ab 1996 schließlich die Autofähren und die Schnellfähre der TT-Line nach Trelleborg am neuen Fährterminal Rostock abgefertigt werden konnten. In den folgenden Jahren wurden an der Pier I auf der Seite zum Hafenbecken A zwei weitere Fähranleger für die wachsenden Fährverkehre nach Nordeuropa errichtet. Damit verfügt der Rostocker Fährterminal heute über insgesamt sechs Fähranleger. Doch auch am benachbarten RoRo-Terminal wurden von 2000 bis 2010 sowie von 2021 bis 2023 Autofähren abgefertigt. Diese verkehrten für die Reedereien Scandlines und Hansa Destinations ins Baltikum bzw. nach Schweden. ■

Die Finnjet am 7. September 1998 bei einem Testanlauf im Rostocker Überseehafen. Die Fähre verkehrte von 1999 bis 2005 für Silja Line zwischen Rostock, Tallinn und Helsinki bzw. St. Petersburg. Dahinter liegt am Liegeplatz 67 die Schnellfähre Berlin Express, die Fahrzeuge aus dem dänischen Gedser entlädt. Foto: ROSTOCK PORT/nordlicht

Am Liegeplatz 53 wird die SUPERFAST VII, die von 2001 – 2011, zeitweise zusammen mit ihren Schwesterschiffen SUPERFAST VIII (2001 – 2011) und SUPERFAST IX (2005 – 2008), zwischen Rostock und dem finnischen Hanko bzw. Helsinki verkehrte, an der ursprünglich für diese Fähren errichteten Doppelstockrampe abgefertigt. Heute nutzen diesen Anleger die Trelleborg-Fähren der Reederei TT-Line. Foto: ROSTOCK PORT/nordlicht

Fähranleger am Fährterminal Rostock

Liegeplatz	Inbetriebnahme	Ausstattung	Bemerkung
67	1993	Fährbrücke für Straßenfahrzeuge	aktuell nicht in Nutzung
64	1994	Fährbrücke für Schienen- und Straßenfahrzeuge	aktuell genutzt von den Fähren der Reederei Stena Line nach Trelleborg
66	1996	Fährbrücke für Schienen- und Straßenfahrzeuge	aktuell nicht in Nutzung
65	1996	RoRo-Ponton	aktuell nicht in Nutzung
54	1998	ab 1998: RoRo-Ponton seit 2012: Doppelstockrampe für Straßenfahrzeuge	aktuell genutzt von den Fähren der Reederei Scandlines nach Gedser
53	2001	Doppelstockrampe für Straßenfahrzeuge	aktuell genutzt von den Fähren der Reederei TT-Line nach Trelleborg

Kombinierte Fährlinien vom Rostocker Überseehafen

Fährlinie	Reederei(en)	Zeitraum
Rostock – Gedser	GT-Link/Europa Linien/DSB/ Scandlines/Easy Line	seit 1990
Rostock – Trelleborg (Autofährlinie)	TR-Line/TT-Line	seit 1992
Rostock – Rønne	TR-Line	1992 – 1993 (jeweils in der Sommersaison)
Rostock – Trelleborg (Auto- und Eisenbahnfährlinie)	DFO/SweFerry/Scandlines/Stena Line	seit 1994
Rostock – Tallinn – Helsinki	Silja Line	1999 – 2003 (jeweils in der Sommersaison)
Rostock – Liepāja	Scandlines	2000 – 2005 (vom RoRo-Terminal)
Rostock – Hanko	Superfast/Tallink	2001 – 2006 (2006 für einige Monate auch nach Paldiski)
Rostock – Södertälje	Superfast	2002
Rostock – Tallinn – St. Petersburg	Silja Line	2004 – 2005 (jeweils in der Sommersaison)
Rostock – Ventspils	Scandlines	2005 – 2010 (vom RoRo-Terminal)
Rostock – Helsinki	Tallink	2007 – 2011
Rostock – (Gdynia) – Helsinki	Finnlines	2009 – 2014
Rostock – (Visby) – Nynäshamn	Hansa Destinations	2021 – 2023 (vom RoRo-Terminal)

Die kombinierte Auto- und Eisenbahnfähre SKÅNE (II) im Mai 2018 am Liegeplatz 64 im Rostocker Überseehafen, kurz vor dem Aufbruch nach Trelleborg. Im Hintergrund die Autofähre NILS DACKE (IV) der TT-Line am Liegeplatz 53 Foto: Lars-Kristian Brandt

Seit 1993: Autofährlinie Kiel – Klaipėda

Die KAUNAS im Kieler Ostuferhafen (August 2000) Foto: Tim Schwabedissen

Am 15. April 1993 eröffnete die litauische Reederei Lithuanian Shipping Company, kurz LISCO, mit der Frachtfähre SIAULIAI einen Frachtfährverkehr ohne Passagierbeförderung von einem provisorisch eingerichteten Anleger auf dem ehemaligen HDW-Gelände am Ostufer der Kieler Förde nach Klaipėda in Litauen. Im Oktober des Jahres folgte mit der VILNIUS die erste RoPax-Fähre auf der nun vom Kieler Ostuferhafen aus betriebenen Autofährlinie Kiel – Klaipėda. Im Jahr 1994 kam zur Unterstützung zusätzlich die KAUNAS, ein Schwesterschiff der VILNIUS, auf die neue Fährverbindung. Beide Schiffe waren ursprünglich als Eisenbahngüterfähren für die Route Mukran – Klaipėda gebaut worden und hatten diese aufgrund von Überkapazitäten verlassen. Für den kombinierten Auto- und Passagierfährverkehr ab Kiel, wo keine Eisenbahnbeförderung stattfinden sollte, wurden die ehemaligen Frachtfähren VILNIUS und KAUNAS, die zuvor nur maximal zwölf Passagiere befördern konnten, zu RoPax-Fähren umgebaut und erhielten für die Passagierbeförderung weitere Kabinen.

Im November 1999 schlossen die litauische Reederei LISCO (sie wurde 2001 von der dänischen DFDS übernommen) und die Reederei Scandlines ein Kooperationsabkommen und betrieben die Fährlinie künftig gemeinsam. Der Passagierdienst wurde jedoch von beiden Partnern unabhängig vermarktet. Scandlines brachte zusätzlich die beiden zu RoPax-Fähren umgebauten Einheiten GREIFSWALD und PETERSBURG (ab 2001) in den Liniendienst ein. Diese waren Schwesterschiffe der bereits eingesetzten Fähren VILNIUS und KAUNAS.

Im Jahr 2003 ersetzten die beiden Reedereien aufgrund steigender Beförderungszahlen ihre vier eingesetzten Stammfähren durch zwei Fährschiffe mit größerer Kapazität: LISCO GLORIA (LISCO) und SVEALAND (III) (Scandlines). Doch schon knapp drei Jahre später konsolidierte die Reederei Scandlines ihre

Die Schwesterschiffe Greifswald und Petersburg im Oktober 2002 in Kiel Foto: Tim Schwabedissen

Die hier im März 2007 in Kiel einlaufende Lisco Optima war bereits von 2003 bis 2005 als Svealand (III) für die Reederei Scandlines zwischen Kiel und Klaipėda im Einsatz. Im Jahr 2012 wurde sie in Optima Seaways umbenannt. Foto: Dieter Streich

Baltikumsdienste in Rostock. So betrieb LISCO die Route Kiel – Klaipėda ab dem 1. Januar 2006 künftig mit dem Mutterkonzern DFDS Tor Line weiter. Die SVEALAND (III) wurde von der Linie abgezogen und musste kurzfristig durch eigene Tonnage in Form der LISCO PATRIA ersetzt werden. Im Frühjahr 2006 erwarb DFDS LISCO, wie ab April 2006 der neue Name von LISCO lautete, die SVEALAND (III) und setzte sie als LISCO OPTIMA erneut zusammen mit der LISCO GLORIA zwischen Kiel und Klaipėda ein. Die LISCO PATRIA verließ die Route, kehrte aber von 2015 bis 2019 als PATRIA SEAWAYS gelegentlich als zusätzliche Fähre auf diese Verbindung zurück.

Am 12. Juli 2010 organisierte sich die Reederei DFDS neu und vereinte künftig alle Fracht- und Passagierfährlinien unter dem Namen DFDS Seaways. In der Folge bekamen die Schiffe der Flotte einen blauen Rumpf, und im Schiffsnamen wurde das Wort „Seaways" ergänzt. So wurde beispielsweise aus der LISCO OPTIMA die OPTIMA SEAWAYS.

Im Oktober 2010 kam es zu einer schweren Havarie auf der Fährlinie Kiel – Klaipėda. Auf der Fahrt nach Litauen geriet die LISCO GLORIA nordwestlich der Insel Fehmarn in Brand. Die mehr als 200 Personen an Bord konnten gerettet werden, das Fährschiff aber brannte weitgehend aus, sodass sich eine Reparatur nicht mehr lohnte. Ursache für das Feuer an Bord war ein technischer Defekt an einem der transportierten Lastwagen.

Bereits im Mai 2009 kam mit der LISCO MAXIMA zwischen Kiel und Klaipėda das erste Schiff einer neuen, größeren Fährschiffgeneration zum Einsatz. Die ältere LISCO OPTIMA wurde fortan nur noch phasenweise

Auf der LISCO GLORIA brach in der Nacht zum 9. Oktober 2010 ein verheerendes Feuer aus. Alle Personen an Bord konnten glücklicherweise gerettet werden. Der Großteil dieser Passagiere wurde mit der zu Hilfe geeilten Fähre DEUTSCHLAND (IV) von der Fährlinie Puttgarden – Rødby nach Kiel gebracht. Als die LISCO GLORIA rund zwei Wochen nach der Havarie vollständig gelöscht war, wurde sie begutachtet und schließlich zum Totalverlust erklärt. Im Jahr 2012 verschrottete man sie in Klaipėda.
Auf dem Foto ist die Fähre im Frühjahr 2007 in Kiel zu sehen. Foto: Dieter Streich

eingesetzt. In den Jahren 2011 und 2014 folgten die Schwesterschiffe REGINA SEAWAYS und ATHENA SEAWAYS. Die drei neuen Fähren wurden von DFDS sowohl von Kiel als auch auf der Verbindung vom schwedischen Karlshamn nach Klaipėda eingesetzt, die ebenfalls zur Reederei gehörte. Ab Kiel waren in der Regel zwei dieser Fährschiffe als Stammfähren im Einsatz, bei Bedarf wurden sie durch ein drittes Schiff verstärkt.

Anfang der 2020er-Jahre kam erstmals in der Geschichte der Fährverbindung eine Fährschiffgeneration zum Einsatz, die speziell für die Verkehre nach Litauen entwickelt worden war. Die Reederei DFDS übernahm 2022 die beiden Neubauten AURA SEAWAYS und LUNA SEAWAYS von einer chinesischen Werft. Die Fährschiffe waren sowohl für die Route von Karlshamn nach Klaipėda als auch für die Verbindung Kiel – Klaipėda vorgesehen. Anfangs kamen beide Fährschiffe zwischen Schweden und Litauen zum Einsatz. Seit September 2023 wird die AURA SEAWAYS zusammen mit einer Fähre der Vorgängergeneration regelmäßig ab Kiel genutzt. Dafür stattete man im Kieler Ostuferhafen zwei Liegeplätze mit neuen Rampen aus, da die bisher genutzten RoRo-Anleger sich als zu klein für die neue Fährschiffgeneration erwiesen hatten. ■

Abfertigung der REGINA SEAWAYS im Kieler Ostuferhafen (August 2012) Foto: Lars-Kristian Brandt

Der Neubau AURA SEAWAYS läuft am 6. September 2023 erstmals als Stammfähre den Kieler Ostuferhafen an. Nach einigen Testanläufen etwa ein Jahr zuvor war dies der Beginn eines regelmäßigen Einsatzes des Schiffes zwischen Kiel und Klaipėda.
Foto: Lars-Kristian Brandt

Stammfähren zwischen Kiel und Klaipėda

Name	Baujahr	Länge	Breite	Tiefgang	Tonnage	Lade-kapazität	Passagiere	Einsatzzeit auf der Linie
VILNIUS	1987	190,9 m	28,0 m	7,2 m	22.341 BRZ	1.500 Lademeter	120	1993 – 2003
KAUNAS	1989	190,9 m	28,0 m	7,2 m	25.606 BRZ	1.500 Lademeter	210	1994 – 2003
GREIFSWALD	1988	190,9 m	28,0 m	7,2 m	20.084 BRZ	1.500 Lademeter	95	1999 – 2002
PETERSBURG	1986 als MUKRAN	190,4 m	28,0 m	7,2 m	25.353 BRZ	1.500 Lademeter	140	2001 – 2003
SVEALAND (III) (ab 2006 LISCO OPTIMA, ab 2012 OPTIMA SEAWAYS)	1999 als ALYSSA	186,0 m	25,6 m	6,5 m	25.206 BRZ	2.238 Lademeter	324	2003 – 2009 (danach gelegentlich noch bis 2016)
LISCO GLORIA	2001 als GOLFO DEI CORALLI	199,4 m	25,0 m	6,3 m	20.140 BRZ	2.493 Lademeter	302	2003 – 2010
LISCO PATRIA (ab 2012 PATRIA SEAWAYS)	1991 als STENA TRAVELLER	154,0 m	24,3 m	5,9 m	18.332 BRZ	1.800 Lademeter	245	2006 (gelegentlich noch von 2015 bis 2019)
LISCO MAXIMA (ab 2012 VICTORIA SEAWAYS)	2009	199,1 m	26,6 m	6,4 m	25.518 BRZ	2.496 Lademeter	515	2009 – 2025
REGINA SEAWAYS	2007 als ENERGIA	199,1 m	26,6 m	6,4 m	25.518 BRZ	2.496 Lademeter	531	2011 – 2021 und seit 2025
ATHENA SEAWAYS	2010 als CORAGGIO	199,1 m	26,6 m	6,4 m	25.993 BRZ	2.496 Lademeter	548	2014 – 2023
AURA SEAWAYS	2021	230,0 m	31,6 m	7,0 m	56.043 BRZ	4.500 Lademeter	600	seit 2023

Seit 1994: Auto- und Eisenbahnfährlinie Rostock – Trelleborg

Das Auto- und Eisenbahnfährschiff GÖTALAND in den 1990er-Jahren am Liegeplatz 64 des Rostocker Fährterminals. Im Hintergrund manövriert am Liegeplatz 66 die Trelleborg-Fähre KAHLEBERG, am Liegeplatz 67 liegt die Gedser-Fähre FALSTER LINK.
Foto: ROSTOCK PORT/nordlicht

Parallel zur 1992 eröffneten Autofährlinie der Reederei TR-Line starteten die beiden staatlichen Eisenbahn-Reedereien Deutsche Fährgesellschaft Ostsee (DFO) und SweFerry am 27. Juni 1994 einen kombinierten Auto- und Eisenbahnfährverkehr zwischen Rostock und dem schwedischen Trelleborg. Hierfür wurde eigens ein neuer Eisenbahnfähranleger im Rostocker Überseehafen am Liegeplatz 64 des neuen Fährterminals errichtet.

Gestartet wurde die Verbindung, die ein Ableger der ab 1909 bestehenden Königslinie zwischen Sassnitz und Trelleborg ist, mit den von dort abgezogenen kombinierten Auto- und Eisenbahnfährschiffen

In Rostock wird das gleichnamige Fährschiff mit Güterwaggons beladen (1994). Foto: ROSTOCK PORT/nordlicht

Die ROSTOCK verkehrte bis 1996 als Stammfähre zwischen Rostock und Trelleborg. Noch heute wird sie unter dem Namen SMYRNA DI LEVANTE im Mittelmeer eingesetzt. Foto: Dieter Streich

Die Mecklenburg-Vorpommern, liebevoll auch „Meck-Pomm" genannt, löste im Dezember 1996 die Rostock auf der Verbindung nach Trelleborg ab. Foto: Kai Ortel

Rostock und Götaland. Diese verfügten über fünf Gleise auf dem Eisenbahndeck und waren nur vorübergehend für die neue Linie vorgesehen gewesen. Bereits im Dezember 1996 ersetzte die deutlich größere, neu gebaute Sechsgleisfähre Mecklenburg-Vorpommern die Rostock. Im Sommer 1998 kam anstelle der Götaland ein zweiter Neubau in Fahrt: die Sechsgleisfähre Skåne (II). Sie verfügt zudem über zwei Gleise, die in das unter dem Eisenbahndeck liegende Tankdeck abgesenkt werden können. Anschließend ist erneut die Beladung mit Waggons auf diesem Lift möglich.

Nach mehreren Eignerwechseln sind die beiden Eisenbahnfähren Mecklenburg-Vorpommern und Skåne (II) heute für Stena Line zwischen Rostock und Trelleborg im Einsatz. Neben der Eisenbahnfährlinie vom schwedischen Ystad nach Swinemünde in Polen und der festen Verbindung über den Öresund und den Großen Belt ist es die einzige direkte Eisenbahnverbindung Schwedens mit Mitteleuropa und daher für den schwedischen Staat von großer Bedeutung. Daher wird auch künftig an dieser festgehalten. ■

Stammfähren der Auto- und Eisenbahnfährlinie Rostock – Trelleborg

Name	Baujahr	Länge	Breite	Tiefgang	Tonnage	Ladekapazität	Passagiere	Einsatzzeit auf der Linie
ROSTOCK	1977	158,4 m	21,6 m	6,6 m	14.221 BRZ	606 m nutzbare Gleislänge / 74 Pkw	600	1994 – 1996
GÖTALAND	1973	182,0 m	22,5 m	5,8 m	18.060 BRZ	811 m nutzbare Gleislänge / 148 Pkw	400	1994 – 1998
MECKLENBURG-VORPOMMERN	1996	199,9 m	28,9 m	6,2 m	36.185 BRZ	950 m nutzbare Gleislänge / 440 Pkw	887	seit 1996
SKÅNE (II)	1998	200,2 m	29,0 m	6,5 m	42.705 BRZ	1.100 m nutzbare Gleislänge / 500 Pkw	600	seit 1998
SASSNITZ (II)	1989	171,5 m	23,7 m	4,8 m	20.276 BRZ	711 m nutzbare Gleislänge / 220 Pkw	875	2018 – 2020 (an ausgewählten Tagen)

Die SKÅNE (II) ist das größte kombinierte Auto- und Eisenbahnfährschiff der Welt. Foto: Lars-Kristian Brandt

Seit 1996: Autofährlinie Travemünde – Klaipėda

Die PETERSBURG wurde 1986 als Eisenbahngüterfähre MUKRAN auf der Verbindung Mukran – Klaipėda in Dienst gestellt. Im Jahr 1995 wurde sie zur RoPax-Fähre umgebaut und umbenannt. Foto: Dieter Streich

Die kombinierte Auto- und Passagierfährlinie Travemünde – Klaipėda wurde am 19. März 1996 von Euroseabridge (später zu Scandlines gehörend) mit der RoPax-Fähre PETERSBURG eröffnet. Nachdem in den darauffolgenden Jahren der Fährschiffeinsatz auf der Route immer wieder dem Bedarf angepasst worden war, verlegte man im November 1999 den Dienst von Travemünde nach Kiel. Von dort verkehrte man bis Ende 2005 gemeinsam mit der litauischen Reederei LISCO nach Klaipėda.

Fast ein Vierteljahrhundert ruhte die kombinierte Direktverbindung Travemünde – Klaipėda, bis die Reederei TT-Line schließlich im August 2024 bekannt gab, ihre Kombifähre MARCO POLO künftig mit einer wöchentlichen Abfahrt ohne Zwischenstopp zwischen beiden Häfen einzusetzen. TT-Line, unter anderem aktiv zwischen Travemünde und Trelleborg sowie zwischen Rostock und Trelleborg, bedient bereits seit 2018 Klaipėda vom schwedischen Trelleborg aus. Von Travemünde oder Rostock fand dort jedoch immer ein Zwischenstopp statt. Gelegentlich mussten die Fahrzeuge in Trelleborg auch auf ein anderes Schiff umgeladen werden. Mit der neuen Direktverbindung bietet TT-Line seinen Kunden nun einen effizienteren Transportweg an, der in direkter Konkurrenz zur Fährlinie Kiel – Klaipėda der Reederei DFDS steht.

Im Sommer 2025 gaben beide Reedereien bekannt, dass sie künftig auf den Routen von Klaipėda nach Karlshamn, Trelleborg und Travemünde kooperieren werden. Im Oktober des Jahres startete die neue Kooperation, bei der die jeweils eigene Ladung auch auf das Schiff des Konkurrenten gebucht werden kann. ■

Einlauf der MARCO POLO in Travemünde (Juli 2020). Die Fähre kam bereits ab Januar des Jahres auf den verschiedenen Routen der Reederei TT-Line zum Einsatz. Foto: Lars-Kristian Brandt

Stammfähren zwischen Travemünde und Klaipėda

Name	Baujahr	Länge	Breite	Tiefgang	Tonnage	Ladekapazität	Passagiere	Einsatzzeit auf der Linie
PETERSBURG	1986 als MUKRAN	190,4 m	28,0 m	7,2 m	25.353 BRZ	1.500 Lademeter	140	1996 – 1997
KAHLEBERG	1983	140,1 m	20,5 m	6,0 m	4.692 BRT	840 Lademeter	79	1997 – 1999
GREIFSWALD	1988	190,9 m	28,0 m	7,2 m	20.084 BRZ	1.500 Lademeter	95	1997 – 1999
ASK	1982 als LUCKY RIDER	150,8 m	20,2 m	5,4 m	5.739 BRT	920 Lademeter	240	1999
MARCO POLO	1993 als VIA IONIO	150,4 m	23,4 m	6,0 m	16.130 BRZ	1.780 Lademeter	215	seit 2024

Seit 1998: Fährhafen Sassnitz in Mukran

Das Fährschiff Sassnitz (II) im Januar 1998 bei der Eröffnungsfeier des neuen Fährhafens Sassnitz im Ortsteil Mukran
Foto: Kai Ortel

Der Fährhafen im Sassnitzer Ortsteil Mukran, 1986 für die Eisenbahnfährlinie nach Klaipėda errichtet, bot große Möglichkeiten für zukünftige Erweiterungen. So wurde Anfang der 1990er-Jahre entschieden, die Auto- und Eisenbahnfährlinie Sassnitz – Trelleborg (Königslinie) vom Sassnitzer Stadthafen dorthin zu verlegen. Dadurch konnte die Erreichbarkeit von der Landseite aus deutlich verbessert werden. Die Straßenfahrzeuge mussten nicht mehr umständlich durch den Ort Sassnitz fahren, und die Eisenbahn ersparte sich die Steilstrecke mit einem Gefälle von bis zu 27 Promille zur Überwindung der 37 Meter Höhenunterschied zwischen dem Sassnitzer Bahnhof und dem Stadthafen.

Im Dezember 1995 begannen in Mukran die Bauarbeiten für zwei neue Fähranleger, ein Empfangsgebäude mit Fußgängerbrücken, Bahnanlagen mit Normalspurgleisen sowie Abfertigungsanlagen für den Autoverkehr. Einer der beiden neuen Anleger war für die kombinierten Auto- und Eisenbahnfährschiffe der Königslinie vorgesehen (Liegeplatz 7), der andere für konventionellen RoRo-Verkehr (Liegeplatz 6), insbesondere für die Autofähren der Reederei Bornholmstrafikken nach Bornholm. Diese verkehrten bereits seit 1993 zwischen Mukran und Rønne und waren zuvor an einem kleineren Anleger abgefertigt worden.

Nach Fertigstellung der neuen Fähranlagen in Mukran verlegten DFO und SweFerry am 7. Januar 1998 ihre Königslinien- und Bornholm-Fähren vom Stadthafen hierher. Gleichzeitig änderte man den Namen des Hafens Mukran offiziell in „Fährhafen Sassnitz". Kurz darauf begannen im Stadthafen die Rückbauarbeiten von Teilen der Fähranlagen. Lediglich den heute denkmalgeschützten „Glasbahnhof" und eines der beiden Fährbetten ließ man nahezu unangetastet. Dieses diente in der Folge als Reserveanleger. Als sich im neuen Jahrtausend die Straßenanbindung zum Fährhafen in Sassnitz-Mukran aus Richtung Berlin durch verschiedene Maßnahmen deutlich verbesserte, stiegen die Beförderungszahlen bei Pkw und Lastwagen kontinuierlich an. Maßgeblich trugen dazu die neue Autobahn A20, die Ortsumgehung Stralsunds und die schließlich im Jahr 2007 fertiggestellte neue Rügenbrücke bei.

Blick über den Fährhafen in Sassnitz-Mukran Ende der 1990er-Jahre. Links liegt die Klaipėda-Fähre PETERSBURG, rechts erreicht die Bornholm-Fähre PEDER OLSEN den Hafen. Foto: Stadtarchiv Sassnitz

Die TRANSLUBECA des „TransRussiaExpress"-Dienstes im Oktober 2007 in Sassnitz-Mukran Foto: Lars-Kristian Brandt

Schon frühzeitig erkannte die Reederei Finnlines diese Verbesserung und setzte daher ab dem Jahr 2001 mit der TRANSLUBECA erstmals eine RoPax-Fähre auf ihrem seit 1997 bestehenden Frachtfährdienst „TransRussiaExpress" nach St. Petersburg ein. Bis zur Einstellung dieses Liniendienstes ab Sassnitz im Jahr 2014 kamen verschiedene RoPax- und Frachtfähren auf der Verbindung, die auch Zwischenstopps in Baltijsk bzw. Ventspils anbot, zum Einsatz.

Von Oktober 2007 bis ins Jahr 2016 gab es zudem kombinierte Lkw- und Eisenbahnfährverkehre nach Baltijsk im Kaliningrader Gebiet und zeitweise auch nach Ust-Luga bei St. Petersburg. Hier wurden neben den Eisenbahngüterfähren der Klaipėda-Linie zugleich Breitspur-Frachtfähren eingesetzt, die speziell für diese Routen umgebaut worden waren.

Der ursprünglich reine Fährhafen in Sassnitz-Mukran, der seit 2016 unter der Marke „Mukran Port" agiert, ist heute ein moderner Multifunktionshafen für den Umschlag von Offshore-Komponenten, Agrargütern und Flüssigerdgas (LNG). Infolge der Einstellung der Fährverbindungen nach Klaipėda im September 2013, nach St. Petersburg im Herbst 2014, nach Baltijsk bzw. Ust-Luga im Jahr 2016 und nach Trelleborg im September 2024, wird der Hafen in Bezug auf den Fährverkehr heute ausschließlich für die Verbindung zur dänischen Insel Bornholm genutzt. ■

Im Juli 2015 werden russische Kesselwagen im Fährhafen von Sassnitz-Mukran an Bord der PETERSBURG geschoben. Das Fährschiff verband von 2012 bis 2016 für Black Sea Ferry & Investments Sassnitz mit Baltijsk und Ust-Luga. Gelegentlich gab es Zwischenstopps in Klaipėda. Foto: Stephan Krohn

Die Trelleborg-Fähre SASSNITZ (II) am Fährterminal in Sassnitz-Mukran (Mai 2018) Foto: Dieter Streich

Seit 2004: Kreuzfahrtfährschiffe Color Fantasy und Color Magic

Die Color Fantasy im September 2019 auf der Kieler Förde Foto: Lars-Kristian Brandt

Die beiden Schwesterschiffe Color Fantasy, Baujahr 2004, und Color Magic, Baujahr 2007, sind nach Aussage der norwegischen Reederei Color Line die größten Kreuzfahrtschiffe der Welt mit Autodeck. Neben der Beförderung von Lkw, Bussen, Wohnmobilen oder Pkw sind diese Fähren auch auf die Mitführung von Passagieren ohne Fahrzeug ausgelegt. Mit den beiden Schwesterschiffen bietet die Reederei Color Line ihren Gästen seit 2004 bzw. 2007 zwischen Kiel und Oslo Minikreuzfahrten an. Diese starten am ersten Tag um 14 Uhr im Ausgangshafen, ermöglichen am nächsten Tag von 10 bis 14 Uhr

einen kurzen Ausflug in die jeweils andere Stadt und enden am dritten Tag der Reise morgens um 10 Uhr wieder im Ausgangshafen.

Die beiden Fährschiffe sind jeweils rund 224 Meter lang, 35 Meter breit und können pro Überfahrt etwa 2.700 Passagiere und bis zu 750 Pkw (550 auf der Color Magic) mitnehmen. Als Annehmlichkeiten für die Passagiere verfügen beide Schwesterschiffe unter anderem jeweils über eine Show Lounge, mehrere Restaurants und Bars, eine 163 Meter lange Promenade mit einer Raumhöhe über drei Decks, eine

Die COLOR MAGIC läuft am 15. September 2007 erstmals in Kiel ein, um kurz darauf von Schauspielerin Veronica Ferres getauft zu werden. Foto: Marko Stampehl

große Anzahl an Kabinen in verschiedenen Kategorien, eine Badelandschaft, ein Konferenz-Center, ein Spa & Fitness Center sowie eine Lounge mit grandioser Aussicht vom obersten Deck. In 20 Stunden lässt sich so entspannt und ausgeruht über Nacht von Kiel aus die norwegische Hauptstadt Oslo erreichen. ■

Color Fantasy

Baujahr	2004
Bauwerft	Kværner Masa Yards AB, Turku (Finnland)
Route	Kiel – Oslo
Reederei	Color Line
Länge ü. a.	223,7 m
Breite	35,0 m
Tiefgang	6,8 m
Tonnage	75.027 BRZ
Leistung	31.200 kW
Geschwindigkeit	22,0 Knoten
Passagiere	2.750
Ladekapazität	1.280 Lademeter
IMO	9278234

Color Magic

Baujahr	2007
Bauwerft	Aker Yards Oy, Turku/Rauma (Finnland)
Route	Kiel – Oslo
Reederei	Color Line
Länge ü. a.	223,7 m
Breite	35,0 m
Tiefgang	6,8 m
Tonnage	75.156 BRZ
Leistung	31.200 kW
Geschwindigkeit	22,0 Knoten
Passagiere	2.700
Ladekapazität	1.265 Lademeter
IMO	9349863

Die Promenade (im Bild die der COLOR FANTASY), jeweils im Inneren der beiden Fähren, erstreckt sich in der Höhe über drei Decks. Foto: Øivind Haug/Color Line

Auf der Promenade sind verschiedene gastronomische Angebote und Läden zum Shoppen zu finden. Foto: Indav Oy/Kimmo Häkkinen/Color Line

Achtern auf Deck 6 befindet sich jeweils das À-la-carte-Restaurant mit acht Meter hohen Panoramascheiben.
Foto: Øivind Haug/Color Line

Seit 2008: Autofährlinie Travemünde – Liepāja

Die URD läuft im Juli 2017 aus Liepāja kommend in Travemünde ein. Foto: Lars-Kristian Brandt

Die Fährverbindung vom Travemünder Skandinavienkai nach Liepāja in Lettland hat ihren Ursprung im Jahr 2008. Im November des Jahres eröffnete die lettische Reederei Ave Line mit dem gecharterten Fährschiff AVE LIEPAJA den ersten kombinierten Auto- und Passagierfährverkehr von Travemünde in die nach Riga und Daugavpils drittgrößte Stadt des Landes. Mit einem zweiten Schiff, der AVE LUEBECK, sollte der Fährverkehr kurz darauf verstärkt werden. Aus nicht bekannten Gründen stornierte die Reederei die Charterfähre jedoch noch kurz vor Ankunft des Schiffes in der Ostsee.

Nach etwa einem Jahr Betrieb gab es schwerwiegende technische Probleme an der AVE LIEPAJA, das Schiff verließ daraufhin im November 2009 die Route. Ersatzweise suchte die Reederei Ave Line schließlich auf dem Chartermarkt nach geeigneter Tonnage. Diese Gelegenheit nutzte die Reederei Scandlines: Sie eröffnete im Frühjahr 2010 neben ihrer Route nach Ventspils (Lettland) mit dem Fährschiff KAUNAS einen kombinierten Fährverkehr zwischen Travemünde und Liepāja und verdrängte so die Ave Line. In den Folgejahren kamen verschiedene Fähren auf der Verbindung zum Einsatz.

Im Jahr 2012 trennte sich Scandlines von einigen Fährlinien, unter anderem auch von den Verbindungen zwischen Travemünde und Lettland. Sie veräußerte diese an die Reederei Stena Line. Stena beendete zum Jahresbeginn 2017 den Fährverkehr auf der Route nach Ventspils und konzentrierte sich in Travemünde künftig ausschließlich auf die Linie nach Liepāja. ■

Die Reederei Ave Line konnte sich nicht langfristig am Markt behaupten. Hier dreht die Ave Liepaja im August 2009 in der Siechenbucht vor dem Travemünder Skandinavienkai. Foto: Tim Becker

Stammfähren zwischen Travemünde und Liepāja

Name	Baujahr	Länge	Breite	Tiefgang	Tonnage	Lade-kapazität	Passagiere	Einsatzzeit auf der Linie
Ave Liepaja	1999 als Brave Merchant	180,0 m	25,2 m	6,5 m	22.046 BRZ	2.000 Lademeter	200	2008 – 2009
Kaunas	1989	190,9 m	28,0 m	7,2 m	25.606 BRZ	1.500 Lademeter	210	2010
Urd	1981 als Easy Rider	171,1 m	20,2 m	5,3 m	13.144 BRZ	1.600 Lademeter	186	2011 – 2022
Ask (ab 2015 Stena Gothica)	1982 als Lucky Rider	171,1 m	20,3 m	5,4 m	13.294 BRZ	1.600 Lademeter	186	2011 – 2015 und 2018 – 2021
Stena Nordica	2000 als European Ambassador	170,5 m	25,8 m	6,0 m	24.206 BRZ	1.950 Lademeter	405	2017 – 2018
Stena Livia	2008 als Norman Voyager	186,5 m	25,6 m	6,9 m	26.904 BRZ	2.255 Lademeter	880	2021 – 2025
Stena Flavia	2008 als Watling Street	186,5 m	25,6 m	6,9 m	26.904 BRZ	2.255 Lademeter	880	seit 2022
Stena Horizon	2006 als Cartour Beta	186,5 m	25,6 m	6,7 m	27.522 BRZ	2.250 Lademeter	970	seit 2025

Die Stena Livia bediente bis 2025 gemeinsam mit ihrem Schwesterschiff Stena Flavia die Verbindung Travemünde – Liepāja. Am 25. April des Jahres läuft sie ein letztes Mal in Travemünde ein (Bild). Ihre Nachfolge übernahm die Stena Horizon, ein weiteres Schwesterschiff aus der Stena-Flotte. Foto: Lars-Kristian Brandt

Stena Line
STENA LIVIA

2020 bis 2024: Schnellfähre zwischen Sassnitz und Südschweden

Der Katamaran SKANE JET wendet in Sassnitz-Mukran (Juli 2022). Foto: Lars-Kristian Brandt

Inmitten der Coronapandemie gab es nach Einstellung der Königslinie wieder Hoffnung für einen Fährverkehr zwischen dem auf der Insel Rügen gelegenen Sassnitz und Schweden. Die Flensburger Reederei FRS bekundete Interesse an einer Wiederaufnahme der Verbindung. Allerdings wählte man zunächst Ystad und nicht Trelleborg als schwedischen Ausgangshafen und plante, eine Katamaranfähre einzusetzen. Vom Land Mecklenburg-Vorpommern erhielt die Reederei dafür 800.000 Euro als Starthilfe. Die Planungen schritten rasch voran, und bereits im Juni 2020 erwarb man den Katamaran FJORD CAT der norwegischen Reederei Fjord Line. Abgeliefert an den neuen Eigner wurde die Schnellfähre, die für den Transport von Pkw, Wohnmobilen, Bussen und Passagieren ausgelegt war, im August. Nach einem Umbau der landseitigen Fährbrücken konnte die neue Fährverbindung Sassnitz – Ystad am 17. September 2020 offiziell ihren Betrieb aufnehmen. Der Katamaran erhielt zuvor das neue typisch rote FRS-Design und wurde auf den Namen SKANE JET getauft. Die Überfahrt auf der neuen Route dauerte nur noch knapp 2,5 Stunden. Damit handelte es sich um die schnellste Schiffsverbindung zwischen Deutschland und Schweden. Allerdings wurde die Fährlinie nicht ganzjährig betrieben, sondern nur jeweils im Sommerhalbjahr. Im Winterhalbjahr lag die SKANE JET im Hafen. Zudem wurde diese Zeit für Werftaufenthalte zur Wartung genutzt.

In den Jahren 2023 und 2024 verkehrte die Reederei FRS mit der SKANE JET nicht länger nach Ystad, sondern nach Trelleborg und reaktivierte damit die Königslinie. Die Schnellfährverbindung zwischen Rügen und Südschweden wurde allerdings Ende September 2024 eingestellt. Als Grund nannte die Reederei FRS deutlich gestiegene Brennstoffpreise und CO_2-Abgaben sowie höhere Fahrwasserabgaben im Hafen von Sassnitz-Mukran. Ob diese Verbindung in Zukunft wiederbelebt werden kann, ist derzeit fraglich. ■

Zur Abfertigung des Katamarans wurde in Sassnitz-Mukran der Anleger der Eisenbahnfähren modifiziert.
Foto: Lars-Kristian Brandt

Seit 2022: Megafähren
NILS HOLGERSSON (VII) und PETER PAN (VI)

Die neue NILS HOLGERSSON (VII) läuft in Travemünde ein (April 2025). Foto: Lars-Kristian Brandt

Die Reederei TT-Line stellte zum 60-jährigen Firmenjubiläum im Frühjahr 2022 ihr neues Flaggschiff in Dienst. Diesem folgte im Januar 2023 ein baugleiches Schwesterschiff. Sie wurden traditionsgemäß auf die Namen NILS HOLGERSSON und PETER PAN getauft. Die bisherigen Namensträgerinnen waren bereits vor Indienststellung der Neubauten in AKKA und TINKER BELL umbenannt worden. Sie sind weiterhin für die TT-Line zwischen Deutschland, Polen, Litauen und Schweden im Einsatz.

Namensgeber: AKKA und TINKER BELL

Akka von Kebnekajse heißt die Leitgans der Wildgänseschar, der sich Nils Holgersson und seine Gans Martin im Kinderbuch von Selma Lagerlöf anschließen. Tinker Bell ist eine Fee aus der Geschichte „Peter Pan". Sie begleitet den Hauptdarsteller bei seinen vielen Abenteuern.

Bau und Überführungsfahrt der NILS HOLGERSSON (VII)

Die neuen Autofähren NILS HOLGERSSON (VII) und PETER PAN (VI) wurden bereits 2018 bestellt und im chinesischen Yizheng gebaut. Die Stadt befindet sich am Fluss Jangtsekiang rund 200 Kilometer Luftlinie von Shanghai entfernt. Offizieller Baubeginn der NILS HOLGERSSON (VII) war am 19. Dezember 2019 mit dem sogenannten Stahlschnitt. Anschließend wurde das Schiff im Trockendock aus einzelnen Stahlsektionen zusammengesetzt. Nach dem Aufschwimmen am 10. November 2020 und der anschließenden Ausrüstung am Werftkai ging die Fähre im November 2021 erstmals auf technische Probefahrt. Am 7. März 2022 wurde die NILS HOLGERSSON (VII) schließlich an die Reederei TT-Line abgeliefert. Einige Tage später startete sie ihre circa 11.600 Seemeilen lange Überführungsfahrt von der chinesischen Bauwerft nach Travemünde. Die Strecke des Fährschiffes führte durch das Ost- und das Südchinesische Meer, die Straße von Malakka, den Indischen Ozean, das Rote Meer, den Suezkanal, das Mittelmeer, die Straße von Gibraltar, den Atlantischen Ozean, den Ärmelkanal, die Nordsee und schließlich um Skagen herum in die Ostsee. Zwischenstopps wurden in Singapur, Colombo (Sri Lanka), Valletta (Malta), Algeciras (Spanien) und Trelleborg gemacht. Am 20. April 2022 erreichte die neue NILS HOLGERSSON (VII) schließlich nach rund 36 Tagen Travemünde. Dort wurde sie an der Nordermole und entlang der Trave von vielen Schaulustigen begrüßt. Am 26. April 2022 startete die neue Fähre schließlich zu ihrer ersten offiziellen Überfahrt vom Travemünder Skandinavienkai nach Trelleborg in Südschweden.

Antrieb und Ausstattung

Nach TT-Line-Geschäftsführer Bernhard J. Termühlen sind die neuen Schwesterschiffe NILS HOLGERSSON (VII) und PETER PAN (VI) die umweltfreundlichsten Fähren in der Unternehmensgeschichte. So verfügen sie beispielsweise über ein duales Antriebskonzept, das es ihnen ermöglicht, sowohl mit Dieselkraftstoff als auch mit Erdgas, das als LNG (Liquefied Natural Gas) an Bord kommt, zu fahren. Die Nutzung von Erdgas bzw. LNG verringert den Ausstoß von Kohlendioxid, Schwefel und Feinstaub. Zudem verbrennt das Gas rauchlos. Vom Bundesministerium für Verkehr und

Das Schwesterschiff der NILS HOLGERSSON (VII), die PETER PAN (VI), wurde im Januar 2023 von TT-Line in Dienst gestellt. Hier verlässt sie im März 2025 Travemünde mit Ziel Trelleborg. Foto: Lars-Kristian Brandt

digitale Infrastruktur (BMVI) gab es eine Förderung der Mehrkosten der LNG-Technologie.

Für die Passagiere stehen an Bord der beiden Fähren unter anderem jeweils zwei Restaurants, eine Coffee-Lounge, eine Sportsbar, ein Kinderspielbereich und großzügige Außendecks zur Verfügung. Eine Besonderheit dieser Fähren ist das Sonnendeck, das sich oberhalb der Kommandobrücke befindet. Von diesem hat man eine herrliche Aussicht nach vorne, ähnlich wie der Kapitän drei Decks tiefer. Transportieren können die NILS HOLGERSSON (VII) und die PETER PAN (VI) auf ihren jeweils vier Fahrzeugdecks mehr als 200 Sattelzüge, Trailer und Container. Zudem befinden sich dort 32 Ladestationen für Elektroautos. ■

NILS HOLGERSSON (VII) / PETER PAN (VI)

Baujahr	2022
Bauwerft	Jiangsu Jinling Shipyard, Yizheng (China)
Route	Trelleborg – Travemünde/Rostock/ Swinemünde/Karlshamn/Klaipéda
Reederei	TT-Line
Länge ü.a.	229,4 m
Breite	31,0 m
Tiefgang	6,7 m
Tonnage	56.138 BRZ
Leistung	29.400 kW
Geschwindigkeit	21,0 Knoten
Passagiere	800
Ladekapazität	4.000 Lademeter
IMO	9865685 / 9880946

Zukunft: Der Fehmarnbelt-Tunnel

Visualisierung des Tunnelportals in Puttgarden auf der Insel Fehmarn. Der künftig längste Absenktunnel der Welt ermöglicht eine Zugverbindung zwischen Hamburg und Kopenhagen in nur 2,5 Stunden – statt der bisherigen fünf Stunden. Grafik: Sund & Bælt

Für eine schnellere und direkte Anbindung Skandinaviens an Mitteleuropa entsteht derzeit zwischen Deutschland und Dänemark ein rund 18 Kilometer langer und etwa 7,4 Milliarden Euro teurer kombinierter Schienen- und Straßentunnel unter dem Fehmarnbelt. Dieser wird parallel zur Fährlinie Puttgarden – Rødby gebaut und soll voraussichtlich im Jahr 2031 fertiggestellt werden. Die Fahrt durch diesen Tunnel wird mit dem Auto etwa zehn Minuten und mit dem Zug rund sieben Minuten dauern. Damit ist die Zeitersparnis gegenüber der 45-minütigen Fährüberfahrt enorm.

Man sollte allerdings bedenken, dass Lkw-Fahrer nach einer gewissen Lenkzeit gesetzliche Pausen einlegen müssen und auch Autofahrer Auszeiten benötigen. Dafür bietet sich die Fähre über den Fehmarnbelt ideal als „fahrender Rastplatz" an, zumal an Bord Restaurants und sanitäre Einrichtungen zur Verfügung stehen. Zugleich kann man den erholsamen Blick auf die Ostsee genießen, was bei einer Tunneldurchfahrt entfällt. Die Reederei Scandlines wird nach eigener Aussage daher auch nach Eröffnung des Fehmarnbelt-Tunnels den Fährverkehr zwischen Puttgarden und Rødby aufrechterhalten. Hierbei setzt das Unternehmen verstärkt auf Emissionsfreiheit: Neben dem Einsatz der neuen Elektrofähre THE BALTIC WHALE sollen die beiden Doppelendfähren DEUTSCHLAND (IV) und SCHLESWIG-HOLSTEIN zu Plug-in-Hybridfähren umgerüstet werden. Dabei wird der Elektromotor für den Schiffsantrieb von einer Batterie gespeist, die während der Liegezeit in nur zwölf Minuten mit

Die neue Elektrofähre THE BALTIC WHALE wurde ursprünglich als FUTURA gebaut. Ihren neuen Namen erhielt sie noch auf der türkischen Bauwerft.
Foto: Scandlines

mindestens 80 Prozent der Energie aufgeladen werden kann, die für eine Überfahrt erforderlich ist. Die übrige Energie wird von Dieselaggregaten erzeugt.

Absenktunnel

Bereits in den 1990er-Jahren gab es erste Vorstudien für eine feste Verbindung über den Fehmarnbelt, in denen verschiedene Brücken- und Tunnelvarianten verglichen wurden. Im September 2008 unterzeichneten Bundesverkehrsminister Wolfgang Tiefensee und Transportministerin Carina Christensen schließlich den Staatsvertrag zwischen der Bundesrepublik Deutschland und dem Königreich Dänemark zum Bau einer festen Fehmarnbelt-Querung. Im November 2010 wurde bekannt gegeben, dass das Projekt als Absenktunnel weitergeplant werden soll. Hierbei wird im Gegensatz zu einem gebohrten Tunnel zunächst unter Wasser von Baggerschiffen ein Graben ausgehoben. In diesen werden danach mithilfe von Spezialschiffen die Tunnelelemente abgesenkt.

Nach jahrelangen Protesten und gerichtlich vorgebrachten Beschwerden gegen das Projekt auf deutscher Seite hat das Bundesverwaltungsgericht im

Visualisierung des Absenkvorgangs eines Tunnelelements. Solche Elemente sind bis zur Verbindung mit den jeweils anderen vorübergehend mit wasserdichten Schotten versehen. Später verhindern Gummidichtungen zwischen den einzelnen Elementen das Eindringen von Wasser.
Grafik: Sund & Bælt

Herbst 2020 alle Klagen abgewiesen. Seitdem besteht auch auf deutscher Seite Baurecht für den Fehmarnbelt-Tunnel. In Dänemark begannen die Bauarbeiten bereits im Juni 2020. In Deutschland fand der symbolische erste Spatenstich schließlich im Herbst 2021 statt. Zunächst wurden beiderseits des Fehmarnbelts die Baustellenflächen eingerichtet und Arbeitshäfen gebaut. Über diese wird ein Großteil der Materialanlieferung für die Baustelle abgewickelt, um Transporte über Land weitestgehend zu vermeiden. Gleichzeitig wurde mit dem Bau der Tunnelportale begonnen. In den beiden Portalbereichen wurden zudem die ersten Tunnelmeter in einer Baugrube direkt vor Ort in offener Bauweise errichtet. Zur Herstellung der Tunnelelemente für den Fehmarnbelt wurde auf Lolland eine Tunnelfabrik errichtet. Hier werden an Land 79 Standardelemente von je 217 Meter Länge und rund 73.500 Tonnen Gewicht sowie zehn kürzere Spezialelemente mit eingebautem Untergeschoss für technische Installationen produziert. Die insgesamt 89 Elemente werden nach Fertigstellung über eine Art Schleuse zu Wasser gelassen und mithilfe von Spezialschiffen zum Einsatzort geschleppt.

Von Juli 2021 bis April 2024 hoben verschiedene Baggerschiffe, darunter Laderaumsaugbagger, Tieflöffelbagger und Seilgreifbagger, den Tunnelgraben aus. Den Aushub von rund 15 Millionen Kubikmetern verbrachte man zum Großteil zur Landgewinnung an die dänische Küste. Einen Teil lagerte man zudem bei Puttgarden ab. Das Material wird beispielsweise für Dämme wiederverwendet.

Künftig wird in den fertig ausgehobenen Tunnelgraben von dem eigens für das Projekt gebauten Kiesbett-Ponton Maya eine Kiesschicht eingebracht, um den Boden zu ebnen. Auf diesem Kiesbett werden in einem weiteren Schritt die insgesamt 89 Tunnelelemente aus der Tunnelfabrik von den Absenk-Pontons Ivy 1 und Ivy 2 in den Graben abgesenkt. Zudem werden die Elemente durch das Einbringen von Beton beschwert, damit sie nicht wieder aufschwimmen. Anschließend wird der seitliche Bereich zwischen den Elementen und dem Graben vom Haltefüllungs-Ponton Np 460 mit Sand und Kies verfüllt. Zum Abschluss legt der Schutzschicht-Ponton Wismar eine 1,2 Meter dicke Steinschicht auf die Tunnelelemente. Diese soll unter anderem vor Ankerwurf schützen. Mit der Zeit wird diese Schutzschicht durch die Meeresströmung zusätzlich mit Sand bedeckt werden. Zeitgleich erfolgt der Innenausbau der Tunnelelemente, darunter unter anderem der Gleis- und Oberleitungsbau, die Herstellung der Fahrbahnen und die Installation der gesamten Technik.

Aufgrund der verspäteten Inbetriebnahme der Absenkpontons liegt das Projekt derzeit hinter dem Zeitplan: Der ursprünglich vorgesehene Eröffnungs-

Blick auf die Tunnelbaustelle neben dem Fährhafen Puttgarden im September 2025
Foto: Sund & Bælt

Beim Aushub des Tunnelgrabens kam unter anderem MAGNOR, der größte schwimmende Tieflöffelbagger der Welt, zum Einsatz. Schuten verbrachten das ausgehobene Material an die Küsten Lollands und Fehmarns. Foto: Sund & Bælt

termin im Jahr 2029 wird nicht mehr einzuhalten sein.

Auswirkungen auf Fährlinien

Durch die Kombination aus Fehmarnbelt-Tunnel und fester Öresundquerung entsteht nach Fertigstellung des Projekts im Fehmarnbelt eine neue feste Schienen- und Straßenverbindung im Verlauf der Vogelfluglinie zwischen Mitteleuropa und den drei skandinavischen Ländern Dänemark, Schweden und Norwegen. Eine feste Verbindung nach Skandinavien gibt es zwar bereits seit der Jahrtausendwende über den Großen Belt und den Öresund, jedoch wird der Weg über Fehmarn rund 160 Kilometer kürzer sein. Durch die Eröffnung der neuen, festen Vogelfluglinie werden neben der Fährverbindung Puttgarden – Rødby auch alle anderen Fährlinien zwischen Deutschland und Skandinavien von der künftig zu erwartenden Verlagerung der Verkehrsströme betroffen sein. Inwieweit Fährreedereien ihren Fährschiffeinsatz anpassen oder sich sogar nach neuen Fahrtgebieten umsehen müssen, bleibt offen. Absehbar ist nur, dass es auch auf den Routen ab Kiel, Travemünde und Rostock zu Veränderungen kommen wird. Je weiter eine Fährverbindung allerdings von der Vogelfluglinie entfernt liegt, desto weniger dürfte sie von den veränderten Gegebenheiten betroffen sein. ■

Blick auf die dänische Tunnelfabrik im März 2025. Im Hintergrund die Hallen, in denen die Tunnelelemente betoniert werden. Letztere werden im Produktionsverlauf Stück für Stück aus den Hallen herausgeschoben und nach Fertigstellung in die Ostsee „geschleust“. Foto: Sund & Bælt

Von August 2021 bis Januar 2023 betrieb die Reederei Hansa Destinations kurzzeitig eine Fährlinie von Rostock nach Nynäshamn nahe der schwedischen Hauptstadt Stockholm. An ausgewählten Tagen gab es zudem einen Zwischenstopp in Visby auf der Insel Gotland. Neben der Autofähre DROTTEN (im Bild) fuhr zeitweise zusätzlich eine Frachtfähre auf der Verbindung. Aufgrund gestiegener Treibstoffpreise und unzureichender Frachtmenge kam Anfang des Jahres 2023 schließlich das Aus für die Linie. Foto: Lars-Kristian Brandt

Danksagung

Allen, die zur Entstehung dieses Buches beigetragen haben, sei an dieser Stelle herzlich gedankt. Vor allem bedanke ich mich bei Tim Becker, Matti Block, Matthias Böckenhauer, Christian Gauger, Johannes Geske, Stephan Krohn, Kai Ortel, Martin Schubotz, Tim Schwabedissen, Heino Sehlmann, Marko Stampehl und Dieter Streich sowie dem Bildarchiv der Eisenbahnstiftung, der Color Line, dem Järnvägsmuseet, der Lübecker Hafen-Gesellschaft, der Rostock Port, dem Schifffahrtsmuseum Rostock, dem Sjöhistoriska museet, dem Stadtarchiv Kiel, dem Stadtarchiv Sassnitz und Sund & Bælt für das Bereitstellen von Fotomaterial aus ihren Archiven. Bei Marko Stampehl und Klemens Rubinke bedanke ich mich ganz herzlich für das Korrekturlesen des Manuskripts. Zudem danke ich meiner Partnerin Nele Freemann für die Unterstützung bei der Recherche und Fotoauswahl. Ein besonderer Dank gilt schließlich dem Team von Koehler im Maximilian Verlag für das Interesse an dem Projekt und die gute verlegerische Betreuung.

Quellen- und Literaturverzeichnis

Bundesminister für Verkehr (Hrsg.): Die Vogelfluglinie, Planung und Bau der Verkehrsanlagen in der Bundesrepublik Deutschland. Karl Wachholtz Verlag, Neumünster 1963.

Color Line AS (Hrsg.): Die Zukunft im Blick. Hjortnes (Norwegen) 2011.

Detlefsen, Gert Uwe: Kurs Finnland. Vom Dampfer zur Finnjet. Verlag Gert Uwe Detlefsen, Bad Segeberg 1992.

Foerster, Horst-Dieter; Kramer, Reinhard: Brückenschlag über die Ostsee – Die Fährverbindung Rostock – Gedser. Verlag Redieck & Schade GmbH, Rostock 2003.

Hauptverwaltung der Deutschen Bundesbahn (Hrsg.)/Generaldirektion der Dänischen Staatsbahnen (Hrsg.): Die Vogelfluglinie Fugleflugtslinien. Hestra-Verlag, Darmstadt 1963.

Hering, Wolfgang; Deinert, Gerhard: Der Warnow-Fährterminal in Rostock. In: Hafenbautechnische Gesellschaft (Hrsg.) Jahrbuch der Hafenbautechnischen Gesellschaft, Bd. 48, S. 29–31. Schiffahrts-Verlag „Hansa", Hamburg 1993.

Kramer, Reinhard; Kramer, Wolfgang; Foerster, Horst-Dieter: Zwischen Gestern und Morgen. Die Fährverbindung Sassnitz – Trelleborg. Verlag Redieck & Schade GmbH, Rostock 2009.

Meier, Günther: Die Vogelfluglinie und ihre Schiffe. Koehlers Verlagsgesellschaft mbH, Herford 1988.

Ortel, Kai: 100 Jahre Deutsche Fährschifffahrt. Forlaget Nautilus und FERRYinformation, Frederiksværk (Dänemark)/Lübeck 2004.

Ortel, Kai: DFDS linking Europe. Ferry Publications, Ramsey (Isle of Man) 2019.

Ortel, Kai: TT-Line through six decades. Ferry Publications, Ramsey (Isle of Man) 2023.

Prignitz, Horst; Schreiber, Ingbert: Der Hafen Rostock. Hafen-Entwicklungsgesellschaft, Rostock 2010.

Seehafen Kiel GmbH & Co. KG (Hrsg.): First trade first travel 75 years port of Kiel. Kiel 2016.

Ein Gesamtverzeichnis der lieferbaren Titel
schicken wir Ihnen gerne zu. Bitte senden Sie eine E-Mail
mit Ihrer Adresse an: vertrieb@koehler-mittler.de
Sie finden uns auch im Internet unter:
www.koehler-mittler-shop.de

Bibliografische Information der Deutschen Nationalbibliothek
Die Deutsche Nationalbibliothek verzeichnet diese Publikation in der Deutschen Nationalbibliografie;
detaillierte bibliografische Daten sind im Internet über https://dnb.de abrufbar.

ISBN 978-3-7822-1581-7

Stadthausbrücke 4, 20355 Hamburg, Deutschland
Ein Unternehmen der TAMMMEDIA
herstellung@koehler-mittler.de

Text: Lars-Kristian Brandt
Coverfoto: Lars-Kristian Brandt
Gestaltung: Klaus Lingenauber
Druck: PNB PRINT
„Jāņsili", Silakrogs, Ropažu District, LV-2133, Latvia, Lettland

Printed in Europe

MIX
Papier | Fördert gute Waldnutzung
FSC® C084698